国家职业资格培训教材
GUOJIA ZHIYE ZIGE PEIXUN JIAOCAI

花卉工

（中级）

主　编　王红英
副主编　陈高仁　戴志贵
编　者　王红英　陈高仁　戴志贵　陶振国
　　　　吕先忠　章燕玉　章丽薇　宋晓军
主　审　宣大庆

中国劳动社会保障出版社

图书在版编目(CIP)数据

花卉工：中级/劳动和社会保障部教材办公室组织编写. —北京：中国劳动社会保障出版社，2006

国家职业资格培训教材

ISBN 7-5045-5320-4

Ⅰ. 花…　Ⅱ. 劳…　Ⅲ. 花卉-观赏园艺-技术培训-教材　Ⅳ. S68

中国版本图书馆 CIP 数据核字(2006)第 128038 号

中国劳动社会保障出版社出版发行

(北京市惠新东街 1 号　邮政编码：100029)

出 版 人：张梦欣

*

北京北苑印刷有限责任公司印刷装订　新华书店经销

787 毫米 × 1092 毫米　16 开本　10 印张　242 千字

2006 年 3 月第 1 版　　2015 年 7 月第 9 次印刷

定价：**16.00** 元

读者服务部电话：**010 - 64929211/64921644/84643933**

发行部电话：**010 - 64961894**

出版社网址：**http：//www.class.com.cn**

内容简介

本教材由劳动和社会保障部教材办公室组织编写，以中级花卉工工作实际需要为出发点和落脚点，从强化培养操作技能、掌握实用技能的角度，较好地体现了当前最新的实用知识和操作技术，内容涉及花卉生长与环境影响，土壤和肥料知识，花卉的繁殖，花卉的栽培管理，花卉应用知识，常见园林树木，花卉栽培设施，花卉栽培设备和器具，常见花卉识别，常见病虫害识别，花卉繁殖与育苗技能，花卉栽培与管理技能，花卉应用技能，为方便使用，还配编了操作技能训练及图示，对从业人员提高业务素质、掌握中级花卉工的核心技能有直接的帮助和指导作用。

本教材是中级花卉工知识和技能培训的必备教材，也是各级各类职业技术学校花卉、园艺相关专业师生的教学参考用书，还可供从事花卉工作的有关人员参考。

前　言

《劳动法》和《职业教育法》明确规定，在全社会实行学历文凭和职业资格证书并重的制度。在国家劳动和社会保障行政管理部门的大力倡导下，职业资格证书已经成为劳动者就业上岗的必备前提，同时，作为劳动者职业能力的客观评价，已经为人力资源市场供求双方普遍接受。取得职业资格证书不但是广大从业人员、待岗人员的迫切需要，而且已经成为各级各类普通教育院校、职业技术教育院校毕业生追求的目标。

开展职业资格培训，教材建设十分重要。为此，劳动和社会保障部教材办公室、中国劳动社会保障出版社组织编写了《国家职业资格培训教材》，用于规范和引导职业资格培训教学。《国家职业资格培训教材——花卉工（中级）》即是其中的一本。

《国家职业资格培训教材》的主要特点是：

1. 最大限度地体现技能培训的特色。教材以最新《国家职业标准》（以下简称《标准》）为依据，以职业技能鉴定要求为尺度，以满足本职业对从业人员的要求为目标。凡《标准》中要求的技能和有关知识，均作了详细的介绍。

2. 以岗位技能需求为出发点，按照“模块式”教材编写思路，确定教材的核心技能模块，以此为基础，得出完成每一个技能训练单元所需掌握的工艺知识、设备（工具）知识、相关知识和技能、专业知识、基础知识，并根据培训教学的基本规律，按照基础知识、专业知识、相关知识、设备（工具）知识、工艺知识、技能训练的次序组成教材的结构体系。

3. 服务目标明确。从教学形式上，主要服务于教育、劳动社会保障系统培训机构或社会力量办学所举办的各种类型的培训教学，也适用于各级各类职业技术学校举办的中短期培训教学，以及企业内部培训的教学。

4. 在强调实用性、典型性的前提下，充分重视内容的先进性，尽可能地反映与本职业相关联的新技术、新工艺、新设备、新材料、新方法。

本书由王红英、陈高仁、戴志贵、陶振国、吕先忠、章艳玉、章丽薇、宋晓军编写，陈高仁、戴志贵副主编，王红英主编；宣大庆主审。

本书在组织编写过程中得到浙江省职业技能教学研究所叶昌元老师的鼎力支持和帮助，特此致谢。

编写《国家职业资格培训教材》是一项探索性的事业，尽管参与编写的专家已经为此付出了艰苦的努力，但是由于缺乏可以借鉴的成功经验，加之时间仓促，存在缺点和不足实所难免，恳切希望广大读者提出宝贵意见和建议，以便今后修订，逐步完善。

劳动和社会保障部教材办公室

目　　录
Contents

基础知识部分

专业知识部分

相关知识部分

设备和工具知识部分

技能操作部分

〔基础知识部分〕

单元 1

花卉生长与环境影响

环境是泛指植物生存四周空间所存在的一切事物，如气候（如温度、光照、水分等）、土壤、生物等因素的综合。这些事物中的每一个因素，称为环境条件（或因素、因子），其中对于花卉的生命活动直接或间接地有着密切关系的环境条件又称为生态条件，或称生态因素。在自然界中，各种生态条件并不是孤立存在的，它们之间相互影响，相互制约，形成特定的生态环境，对花卉植物产生影响。

1.1 温度

温度是影响植物生长发育最重要的因素之一，制约着植物的生长发育速度以及体内的一切生理变化。

(1) 积温、温周期

1) 积温　植物不但需要在一定的温度下才能开始生长发育，还需要有一定的温度总量才能完成其生命周期。对植物生长发育起有效作用的高出的温度值（以天计则把日平均气温减去生长的最低温度），称为有效温度。植物在某个阶段或整个生命周期内的有效温度的总和，称为有效积温。其计算方法可以月季“枯红绸”品种为例，它修剪后其侧芽从开始生长一直到花蕾开放这段时间，若日平均温度为 20℃，经历 91 天，其生长低温限为 5℃，那么这个芽从开始生长至开花所需的有效积温 $K=(20-5)\times 91=1\,365$℃。

在观花花卉生产中，积温反映出来的是花期调节问题。一般通过提高温度可促进开花，降低温度可推迟开花，比如月季“枯红绸”品种的芽从开始生长一直到开花的有效积温为 1 365℃，如果温度提高，达到这个有效积温所需的天数就少，也就是开花就早；反之则迟。在广州，夏天比冬天的温度明显要高。所以，月季的芽从开始生长到开花所需的时间，夏天比冬天相差几十天。

2) 温周期　花卉的正常生长还需要一定的昼夜温度变化（较高的日温和较低的夜温），

这种现象称为生长的温周期现象。这也是花卉适应自然界温度白天较高晚上较低的结果。通常热带花卉的昼夜温差宜在3～6℃，温带花卉在5～7℃，而沙漠植物则要差10℃以上。在控温温室栽培花卉时要注意降低夜温。夜温较低对植株生长是有利的，其原因是：较低的夜温可以因减少呼吸作用而减少有机物的消耗。在大陆性气候地区，例如我国西北各地及新疆和内蒙古，昼夜温差较大，不少地方生产的球根更大更好就与其有很大关系。但要注意的是，昼夜温差过大，生长反而会受抑制。

（2）低温和高温对花卉的危害

1）低温造成的危害　根据低温的程度不同花卉受低温的危害可分为冻害和寒害（冷害）两种。

①冻害是指冰点（0℃）及其以下低温对花卉造成的伤害。冻害的临界温度因花卉种类和低温经历时间长短而异。不同花卉存在明显的适应能力上的差异，所以抗冻能力不同。不耐寒花卉受冻害易死亡。由于温度下降到冰点以下的速度不同，有细胞外结冰和细胞内结冰两种不同的结冰方式。细胞外结冰一般越冬花卉都能忍受，当温度慢慢回升至解冻后仍可照常生长。细胞内结冰直接伤害原生质，破坏原生质的精细结构，导致致死性伤害。

秋季出现第一次霜冻称为初（早）霜；次年春季，出现最后一次霜冻称为终（晚）霜。从初霜日起到次年的终霜日止的天数，称为霜期，其余天数则称为无霜期。我国各地无霜期的天数相差很大。春季正值萌芽，秋季往往正值成熟，因此初霜、终霜对花卉危害最大。

②寒害是指0℃以上低温对花卉的伤害。原产热带、亚热带的不耐寒花卉当气温下降到0～10℃（因种类等而不同）就会被迫休眠及受害乃至死亡。

植物受到寒害外观上可能产生叶片出现伤斑、叶色变为深红或暗黄、嫩枝和叶片出现萎蔫、干枯掉落等现象，时间长了或达到生命的冷死点温度，植株就会死亡。

同是不耐寒花卉，不同种类品种的抗寒力不同，小苗比成株更易受害，温度突然下降比温度缓慢下降以及低温持续时间长比低温时间短对植株伤害更大。如观叶花卉中的网纹草等，在约8℃的气温环境下就会受到严重伤害。

花卉的耐寒能力虽然是由遗传性决定的，但是可以通过其他途径提高花卉的适应性和抵抗力，例如通过低温驯化、利用化学物质处理以及采取一些栽培管理措施如低温来临之前多施些钾肥、减少浇水等。

2）高温造成的危害　超过花卉生长的最高温度会对花卉造成伤害。在植株外观上可能出现灼烧状坏死斑点或斑块（灼环）乃至落叶，出现雄性不育现象以及花序、子房、花朵、果实脱落等，时间一长或到达生命的热死点温度，植株就会死亡。

高温使花卉的茎（干）、叶、果等受到伤害，通常称为灼伤，灼伤的伤口容易遭受病害的侵袭。

耐（抗）热力是指花卉忍耐最高温度的能力。不同花卉由于原产地不同，耐热力也不同。一般高等植物能够忍受45℃左右的高温，有的仙人掌类植物可忍耐60℃的高温，所以，在自然的高温下直接热死花卉的现象是很少见的。

一般来说，花卉的耐热力与耐寒力是彼此相关的，耐寒力弱的花卉耐热力都比较强，耐寒力强的耐热力都比较差。在各类花卉中，耐热力最强的是水生花卉，其次是仙人掌类和春播一年生草花，还有能在夏季连续开花的扶桑、夹竹桃、紫薇等，以及大部分原产热带的观叶植物；耐热力差的有秋播一年生草花、一些热带亚热带的高山花卉，如倒挂金钟等。

一部分热带地区原产的花卉，也往往经受不住我国大部分地区的夏季酷热，不能正常生长开花，或被迫休眠，如果管理不善甚至导致死亡，因而需要采取降温防暑措施。

1.2 光照

(1) 光照强度

常用的光照强度单位为勒［克斯］(lx)。实际的光照强度可以直接测量出来。夏季晴天的中午，露地光照强度约为 $(9\sim11)\times10^4$ lx；冬季晴天，露地光照强度约为8 000 lx；而阴雨天光照强度仅为晴天的 1/5～1/4。

一般植物在很弱的光照下便能进行光合作用。光越弱，光合作用越弱。如果光照强度增大，光合作用也就增强。但是光照强度达到一定程度时，即使强度再增强，光合作用也不再随之增高，这时的光照强度称为光饱和点。

植物在进行光合作用时，还在进行呼吸作用。当光照强度较高时，植物的光合强度往往要比吸收强度高若干倍；当光照强度下降，光合强度也下降，光照强度降到一定程度时，光合作用吸收的二氧化碳与呼吸作用放出的二氧化碳相等，这时的光照强度称为光补偿点。

(2) 光质

光质是指具有不同波长的太阳光谱成分。据测定，太阳光的波长范围主要在 150～4 000 nm之间，其中可见光（红光、橙光、黄光、绿光、紫光）的波长在 380～760 nm 之间，占全部太阳光辐射的 52%；不可见的红外线占 43%，而紫外线只占 5%，光质对花卉的生长和发育都有一定的作用。一年四季中光的组成有明显变化，如春季紫外线成分比秋季的少，夏季中午紫外线成分增加。

可见光中被植物叶绿素吸收最多的是红光，同时作用也最大。黄光次之，而蓝紫光的同化作用效率仅为红光的 14%。在太阳直射光中红光和黄光最多只有 37%，而在散射光中却占 50%～60%，所以，散射光对半阴性花卉及弱光下生长的花卉的效用大于直射光。但是散射光的强度总是比不上直射光，因而光合产物也不如直射光多。

红光能加速长日照植物和延迟短日照植物的发育，而蓝紫光则能加速短日照植物和延迟长日照植物的发育。直射光所含紫外线比例大于散射光，对防止徒长，使植物矮化的效率较高。一般高山上紫外线较多，能促进花青素的形成，所以，高山花卉色彩比平地的艳丽，热带花卉的花色浓艳也是由于热带地区含紫外线较多的缘故。而在玻璃温室中，紫外线进入减少，高山花卉就没有那么艳丽。

一般来讲，长的光波下栽培的花卉，节间较长而茎较细；短的光波下栽培的花卉，节间较短而茎较粗。这一点对培育壮苗和决定栽植密度时也有重要意义。

(3) 光周期

每天昼夜长短影响植物开花的现象，称为光周期现象。根据植物对光照长短的要求，可将植物分为以下 3 类：

1）长日照植物　长日照植物是指只有当日照长度超过某一时数，一般为每天 12 h 以上，暗期必须短于某一时数才能形成花芽的植物。这类植物在生长的某阶段内，必须要有较长的光照时数，才能利于花芽的形成。而且在此阶段内，光照越长，成花越早，黑暗对其成花并不需要，故又称短夜植物。如唐菖蒲就属于长日照植物，在北方冬季温室栽培除了需要高温外，还要用电灯照明来延长光照时间，才能开花。长日照植物约占全部植物的一半。

2）短日照植物　短日照植物是指只有当日照长度短于每天 12 h 以下，才能开花的植物。这类植物在其生长的某阶段内，必须要有白天短、夜间长的环境，才能形成花芽。而且在此阶段内，黑暗时数越长，其成花越早，故又称长夜植物。例如菊花和一品红就是典型的短日照植物，在秋季日照变短时才进行花芽分化和开花。春季和秋季有同样的短日照，但是春季的短日照时期温度尚低，且短日照植物通常还没有达到花熟阶段，因此与开花无关。秋季气温较高，适于植物生长发育，所以这时日照可以影响植物开花。短日照植物约占全部植物的 26%。

3）日中性植物　这类植物的成花，对光照时数没有严格的要求，只要其他条件合适，任何日照时数都能使其开花。如月季、扶桑、非洲紫罗兰、非洲菊等。日中性植物约占全部植物的 24%，主产于热带地区。

1.3　水分

没有水就没有生命，当然没有水也就没有植物。在植物体内，组成的物质大部分是水。生长活跃和代谢旺盛的组织和细胞所含的水分，一般可达 70%～80%，有的还超过 90%。如果它们的含水量不足正常含水量的 60%，则可能导致死亡。每一个细胞都是一个储水器。当细胞充满水时（即细胞保持紧张度），植株枝叶便会挺立舒展；如果细胞缺水，丧失饱满度，植株茎叶就会下垂，这种情况称为萎蔫。

水除了维持细胞的紧张度外，还有其他重要作用，如细胞内的活原生质是依靠水生存的；水是光合作用以及其他一些代谢过程的原料；植物体内的营养物质和其他化合物的运转，是维管组织内水分移动的结果；水也能保护植物免受温度变化的潜在伤害。

陆生植物从土壤中吸收水分，吸收水分的量是很大的，但是在吸收的水分中仅仅只有极少的一部分（1%～5%）用于植物体组成代谢，其余的都是以气体的形式散失到体外，即蒸腾作用。

（1）植物对水分的吸收和运输、蒸腾作用

1）通过根系向土壤吸收水分　根吸水的部位主要在根尖的根毛区。根系吸水有主动吸水和被动吸水两种形式。

①主动吸水　主动吸水是指根系本身生理活动而引起植物吸收水分的现象。主动吸水可由吐水和伤流现象看出。完整的植株在土壤水分充足、土温较高、空气湿度大的环境中，在傍晚或早晨可以看到叶尖或叶缘的水孔吐出水珠，此现象称为吐水。如果将植物的茎在近地面处切去，不久即有液滴从伤口流出，这种现象称为伤流。主动吸水仅在蒸腾微弱的情况下才是植物吸水的主要原因，其机理较复杂。

②被动吸水　被动吸水是指由于枝叶的蒸腾作用而引起的根部吸水。物质能够自发从高浓度区域向低浓度区域移动，这就是扩散作用。当叶片进行蒸腾作用时，叶部水分大量散失，引起根部水分不足，根部细胞就从土壤吸收水分。水进入根系的过程称为渗透，渗透作用是扩散作用的一种特殊形式。根细胞中通常会积聚比土壤溶液中更多的可溶性物质，由于蒸腾作用引起根细胞水分又减少，使土壤溶液中水的浓度比根细胞的更高，所以土壤中的水就能进入根系。然而根细胞内的溶质却不会向土壤溶液中扩散移动，这是因为细胞中有一层细胞膜，其近似于半透性膜，只能让水通过而不能向溶解物通过。细胞间的水分移动也是这种情况。

肥料的“烧伤”和由于土壤中高浓度的盐类所引起的伤害就是这种原因引起的。只要土壤溶液水的浓度超过根细胞中水的浓度，水就继续进入根系。如果施用化肥或土中盐类太多，根外部土壤溶液中溶质浓度达到比根内部的大，于是水的流动方向相反，根细胞中的水反而脱离根细胞，严重时会使植株枯死。所以，如果施用过量化学肥料，就会发生肥料烧伤植株的情况，这时应立即灌水，灌水能冲掉肥料，也有助于淋洗根系层中的肥料和盐类。

被动吸水是由于蒸腾作用而引起的，所以，水分供应充足时，植株吸水速度和蒸腾速率是完全一致的，蒸腾量越大吸水量也就越大。

在各种外界条件中，大气因子主要通过蒸腾作用影响植物的被动吸水。土壤因子可直接影响植物的主动吸水，但被动吸水在一定程度上受土壤因子的影响，特别是上面提到的土壤溶液的浓度。当然土壤中要含有可利用的水，这是前提条件。

土壤温度对根系吸水也有很大的影响。如低温使植物呼吸作用减缓，影响主动吸水等。

土壤的通气状况对根系吸水同样也具有很大影响。土壤通气不好而导致氧气缺乏和二氧化碳浓度过高。短期处于缺氧气和高二氧化碳的环境中，可使根细胞呼吸减弱，影响主动吸水；较长时期后，则细胞进行无氧呼吸，产生和积累乙醇，根系就中毒受伤，吸水更少。因此，花卉受涝反而表现出缺水的现象。

植物根系从土壤中吸收的水分在体内运输的途径可表示如下：土壤中水分→根毛→根的皮层→根的中柱鞘→根的导管→茎的导管→叶柄导管→叶肉细胞→叶肉细胞间隙→气室→气孔→空气中。水分在植物体内的这一运输途径可以分为两类。一类通过活细胞运输，一类通过导管运输。

2）植物的蒸腾作用　蒸腾作用就是植物体内水分以气体状态，通过植物体的表面，从体内散失到体外的过程。通常生长中的植株，约占总蒸腾量99.9%的水是通过叶片进行蒸腾的。

叶片的蒸腾作用有两种方式：一种是通过角质层的蒸腾，称为角质层蒸腾；另一种是通过气孔的蒸腾，称为气孔蒸腾。气孔蒸腾是一般植物蒸腾作用的主要形式。

蒸腾作用具有重要的生理意义。它是植物吸收与转运水分的主要原动力，特别是高大的植物，如果没有蒸腾作用，根系的被动吸水过程便不能进行，植株较高部分也无法获得水分。另外，由于蒸腾作用而引起的上升液流能使进入根部的营养元素等分布到植株各部分去，以满足生命活动的需要。此外，通过蒸腾作用能降低植物体及叶面的温度。

植物在一定时间内，单位叶面积蒸腾散失的水量称为蒸腾作用速率或蒸腾强度。叶内和外界之间的水分子浓度差制约着蒸腾速率。水分子浓度差大时，蒸腾速率快；反之则慢。所以，凡是影响叶内外水分子浓度差的外界条件都会影响蒸腾速率。

空气相对湿度与蒸腾速率有密切关系。据测定，空气相对湿度在40%～80%时，正常叶片气孔下腔的相对湿度为91%左右，这就保证了蒸腾作用顺利进行。但当空气相对湿度增大时，叶内外水分子浓度差变小，蒸腾速率下降。所以，大气相对湿度直接影响蒸腾速率。

光、温、风等因素不仅影响空气相对湿度，而且影响蒸腾速率。对于光来说，它本身是影响气孔开闭的主要因素。除了许多肉质植物之外，大多数植物的气孔都是白天开放、夜间关闭的。另一方面，光照随着强度的增加，气温和叶温升高，因而增加了叶内外的水分子浓度差，使得蒸腾速率提高。在一定范围内，温度升高使水分子从细胞表面蒸发的过程以及水蒸气分子通过气孔的扩散过程都加速，促进了蒸腾作用。在风不太大时，风能将气孔外边的水蒸气吹走，使扩散层变薄甚至消失，外部扩散阻力减小，蒸腾加快。因此干燥炎热、阳光强烈、有微风的天气，蒸腾作用就特别强。

蒸腾作用对花卉生产非常重要，植物只有在吸收的水分足以补偿蒸腾散失的水分时，才能正常生长。蒸腾作用增强，根的吸水力也必须增强。又如当花卉移植或定植时，除了要尽量减少根毛的损伤，以保证根的吸水功能外，还要设法减低蒸腾作用，以让植株更快恢复生长，减少萎蔫死亡的可能性。降低蒸腾的办法有几种，其中一种是减少蒸腾面积，比如在移植时去掉部分叶片，这点在大树移栽时极为常用。另一种办法就是尽量避开促进蒸腾的外界条件，如一天中不在太阳猛烈的中午进行移栽，选择阴雨天移栽，以及移栽后将植株遮阴或把植株放在阴湿的环境等。还有一种办法是人为增加空气温度，如向叶面喷水或喷雾，这在嫩枝扦插时特别有效。

（2）花卉对空气湿度的要求

空气湿度的大小，常用空气相对湿度百分数来表示。一天中，午后最高气温时的空气相对湿度最小，清晨时的最大，但在山顶或海岸地区，两者的变化趋于一致或变化幅度不大。一年四季空气湿度也有差别，如在内陆干燥地区，冬季空气湿度最大，夏季最小，而在季风地区情况则相反。

多数花卉所需要的空气湿度为65%～70%，而原产干旱及沙漠气候地区的花卉则远低于此范围。通常当空气湿度减少时，因色素形成较多，花色变深。

对于湿生花卉以及原产热带雨林中的附生性花卉，如热带兰等，对空气湿度要求更高（超过80%）。如果空气干燥，容易出现叶面粗糙、叶尖及边缘枯焦等现象，甚至全叶枯焦，严重影响其观赏价值。所以它们在干燥的季节，需要经常通过喷水、喷雾等措施提高空气湿度。

当空气达到饱和时（空气湿度为100%），可提高嫩枝扦插的成活率。花卉移植或定植时，增加空气湿度可降低植株的蒸腾作用从而降低死亡率。但在空气湿度大的情况下，病害往往容易发生，所以如果空气湿度过大就要注意通风和防治病害。

（3）旱、涝对植物的危害及植物的抗性

1）旱害　花卉因缺水而受到的危害称为旱害。花卉植株一方面从土中吸收大量的水，另一方面叶片又把绝大部分水通过蒸腾作用而散失掉。只有当水的吸收与消耗达到平衡时，植株才能够正常的生长发育。如果吸收小于消耗，营养元素的吸收也随着减少，那么植株代谢过程如光合作用等会变得缓慢。植株经常处于水分亏缺状态，根系的深度会增加；叶少而薄，叶片体积和叶面积变小；分枝少，新梢减弱，饱满度和所含的汁液不足；茎叶颜色转深，有时变红；叶尖、叶缘或叶脉间组织枯黄，这种现象常由基部叶片逐渐发展到顶梢，引起早期落叶、落花、落果，花芽分化也减少。水分不足还易使土壤溶液浓度变高而产生盐害，这在草花中更易出现，所以在施用多量化肥时更需要注意。

如果一次缺水严重，植株就会出现萎蔫，嫩枝叶下垂、叶片卷起或合拢。如果萎蔫出现后，浇水或降雨一次，茎叶就会恢复挺立，这种萎蔫称为暂时萎蔫。在夏季炎热的中午，由于蒸腾作用过于强烈，植株也可能出现暂时萎蔫。如果萎蔫出现后，浇水或降雨仍不能让植株重新恢复挺立的，这种萎蔫称为永久萎蔫。如果花卉出现永久萎蔫，则意味着植株死亡。长期干旱时，一些花卉和许多草坪草的地上部分也会死亡，而地下部分则进入休眠，根状茎和匍匐茎上的芽仍存活，一旦有水后又会开始萌芽生长。

以上是土壤缺水造成的结果。还有一种情况是土壤含有足够的水，但由于其他原因而不能够被植株吸收利用，例如土温低、通气不良、盐分过高等，也会对植株造成同样的伤害。如果土壤水分经常处于过多状态，则不利于根的伸长生长，抗旱力下降；植株生长纤弱，抗寒力下降；病害更容易发生。

2）涝害　如果土壤排水不良而积水，或暴雨洪水，使植株的一部分被淹而导致植株受害，则称为涝害。涝害使植株根部缺乏氧气，只能进行无氧呼吸，产生并积累乙醇或乳酸，同时产生一些有毒物质如硫化氢、氨等，使根中毒，导致烂根，甚至全株死亡。这种虽然土壤中含有过量水分而植物不能吸收的现象称为生理干旱。当植物受涝害而未致死亡时，在植株外观上会出现黄叶、花色变浅、花的香味减退、落叶落花、落果等症状。如果土壤浇水太频繁而处于过湿状态，一些花卉也可能会出现类似涝害的现象。

3）植物的抗性

①植物对干旱的适应　长期生活在干旱缺水条件下的植物，有较强的抗旱能力，这些植物在长期的进化过程中，在形态上和生理上形成了适应干旱的结构和生理特性；有些植物具有密生茸毛的坚硬的革质叶子，或叶缘经常卷成管状，气孔下陷等来降低蒸腾；另有一些植物根系发达，根冠比较大，当遇到干旱时，能从较深的土层中得到足够的水分来补偿。

②植物对水涝的适应　植物对涝害有一定的适应能力，因为植物能从地上部向根系提供一定的空气。水生植物和湿生植物体内有发达的通气组织，如荷花、慈菇等。某些植物在靠近土壤表面暴露于空气处，能够迅速发生不定根，进行呼吸作用。还有些植物能在土壤缺氧时不进行酒精发酵，而是靠其他呼吸途径进行呼吸，以避免酒精中毒。

植物抗涝性的强弱与植物的生态习性、年龄和生长势有关。抗涝性强的植物，大多喜生在河流、溪沟旁边和低洼潮湿的地方，如柳树、水松等。抗涝性弱的植物，一般都是生长在排水良好的地方，如桃花、马尾松等。这些植物不耐湿涝，稍有积水就会受害。一般抗涝性中等的花卉植物，主要是幼苗期和衰老期容易受涝害。生长衰弱、有病虫害发生的花卉也易受涝害。

（4）合理灌溉的生理基础

1）花卉植物的需水规律　花卉植物的根系不停地向土壤吸收水分，以供应各生理过程的需要。花卉植物体的需水量随花卉种类和发育时期而不同，供应过多或过少对花卉都是不利的。适时进行灌溉，就是指应该在花卉需水量较多的时候，供给适宜的水量。

一般花卉的需水规律是：幼苗期营养面积小，植物耗水量不大，需水量小；营养生长旺盛期，植物需水量增加；植株衰老期，需水量又下降。

花卉最需要水分的时候称为水分临界期。此期间缺水，花卉最敏感，因为这时正是花卉新陈代谢最旺盛的时期，缺水会削弱代谢过程。水分临界期一般是在生殖器官的形成与发育阶段，即由营养生长转向生殖生长的阶段。

2）植物的灌溉指标　灌溉不仅要满足花卉所需的水，也要满足适宜花卉生长的生态小环境用水。根据花卉本身特征的变化，如形态及生理的变化来灌溉才比较合理。

①形态指标　缺水时，花卉会发生形态上的变化，如幼嫩茎叶萎蔫、叶色转深、花卉生长速度下降、不易折断等。形态指标出现则表明植株已经缺水，灌溉应该在此类症状出现以前进行。

②生理指标　植物缺水的变化最早在生理上反映出来，例如细胞及叶片水势降低，气孔开张度变小，细胞汁液浓度增高等。预先测定这些指标、及早灌溉是花卉业走向现代化的方向。

3）植物的灌溉方法　灌溉应适合花卉植物生长的需要，间隙时间不宜太长。灌溉时量不应过大，水量过多会造成土壤因缺氧引起的不良后果。同时灌溉应重视水质和水温，水质污染或水温过低过高，都对花卉生长不利。

灌溉方法应向喷灌法和滴灌法发展，才能充分提高水分利用率，不会造成花卉体内水分过多或过少的现象，有利于创造适宜花卉生长的生态小环境。

1.4　呼吸作用

呼吸作用是植物最基本的代谢活动之一。

（1）呼吸作用的定义

呼吸作用是指在生活细胞中，把有机物分解成氧化产物，同时释放出能量的过程。在呼吸过程中被氧化分解的有机物称呼吸基质，呼吸基质主要是糖类，其次是脂肪、蛋白质和有机酸。呼吸基质在有氧情况下被逐步氧化分解，最后生成二氧化碳和水，同时释放出能量，这种呼吸作用称为有氧呼吸；呼吸基质在缺氧情况下被酶催化分解，产生酒精或乳酸，并释放出能量，这种呼吸称为无氧呼吸。其中产生酒精的称为酒精发酵，产生乳酸的称为乳酸发酵。

在植物的正常生活过程中，有氧呼吸和无氧呼吸是共存的。在正常条件下，以有氧呼吸为主；在水淹或通气不良的条件下，无氧呼吸比例就高一些。器官表层组织因氧气较充足，有氧呼吸程度最高，深层组织往往因氧气缺少，有氧呼吸程度低些。而无氧呼吸是植物对暂时缺氧的一种适应，只能短期维持生命活动，如长期缺氧，植物就会死亡。其原因如下：

一是无氧呼吸与有氧呼吸相比，消耗同量的物质（如葡萄糖），无氧呼吸产生的能量少。因此，若长期靠无氧呼吸来提供生命活动所必需的能量，势必消耗更多的有机物，从而导致植物因物质消耗过多，能量供应不足，逐渐衰弱死亡。

二是无氧呼吸的最终产物是酒精或乳酸，这些物质若积累过多，就会使植物细胞中毒，甚至死亡。

有氧呼吸与无氧呼吸在光照下和黑暗中都能进行，一般称为暗呼吸。植物的绿色细胞在光照下，除了进行一般的呼吸以外，还有一种光呼吸。光呼吸是绿色细胞在光照下吸收氧气，释放二氧化碳的现象。

（2）影响呼吸作用的外界因素

植物的呼吸作用受外界环境影响较大，其中最主要的环境因素有温度、氧气、二氧化碳和水分。

1）温度　温度对呼吸作用有很大的影响，在一定的范围内，随着温度升高，呼吸强度便增高。温度对呼吸作用的影响有三基点，即呼吸作用温度的最低点、最适点与最高点。

大多数温带植物的呼吸温度最低点约为－10℃；喜温性植物稍高，而耐寒植物的越冬部分，如落叶树的更新芽，针叶树的针叶，可低到－25～－20℃。不过，如果在夏季人工降温到－5～－4℃。由于受到突然的低温影响，呼吸就会完全停止。

植物的呼吸温度最高点一般在45～55℃（温泉藻类例外）。越过呼吸温度的最低点、最高点时间稍久，会导致细胞原生质结构的破坏，最终使植物死亡。

呼吸温度最适点随植物的种类不同而有所不同，一般植物在25～35℃之间。

2）氧气　氧气是呼吸作用中有机物氧化分解的必要条件。在正常情况下，空气中氧气的含量为21%左右，如果氧气含量变化不大，对呼吸作用不会有多大的影响，只有当空气中氧气的含量降低到1%～2%时，呼吸作用才会降低。

植物地上部分和空气接触，一般情况是不会感到氧气的不足而影响呼吸作用，但是土壤如果通气不良，就会影响根的生长和正常的呼吸作用，因而影响到植物的正常生长。例如，在行人繁多的街道上栽植的行道树常常生长不好，原因之一就是树下的土壤被踏实，使通气不良，根部氧气供应不足，影响呼吸作用。

3）二氧化碳浓度　二氧化碳是呼吸作用的产物，在一定含量时可增强光合作用，而有利于植物生长，但二氧化碳含量过多就会降低或抑制呼吸作用。正常状态的大气，二氧化碳含量很低（约为0.03%），并不影响植物的呼吸作用。

土壤中由于根系的活动和微生物的呼吸，放出大量二氧化碳，尤其在夏秋高温季节，土壤深层通气不良，要适时中耕，促进土壤空隙与大气的气体交换，才能保证根系的正常呼吸作用。

4）水分　对于绝大多数种子来说，呼吸强度是随着水分的饱和程度而升高，根、茎、叶、果实等却相反。例如，一般植物叶子萎蔫时，其呼吸会强烈地活跃起来。

〔专业知识部分〕

单元 2

土壤和肥料知识

2.1 土壤知识

(1) 土壤与土壤肥力

1) 土壤　地球陆地表面具有一定肥力，能够生长植物的疏松表层称为土壤。它是地表岩石在温度、水分、空气、生物等作用下风化形成疏松的成土母质，其中的矿物质养分开始释放，并形成蓄水性和透水性。一些生物从土壤母质中吸收养分和水分，利用阳光和空气中的二氧化碳进行光合作用。这些生物死亡后，遗体腐烂形成有机质，经过长期的对土壤母质的加工改造，形成复杂多样、肥力千差万别的土壤。

2) 土壤肥力　土壤肥力是指土壤为植物生长供应和协调营养条件和环境条件的能力。土壤肥力是土壤物理、化学、生物等性质的综合反映。土壤肥力可分为自然肥力、人为肥力和经济肥力 3 类。自然肥力是在不受人类干涉的情况下，在土壤自然形成过程中发展起来的。人为肥力是在自然肥力的基础上受人类耕作栽培和其他农业技术措施的影响下形成的。经济肥力则是自然肥力与人为肥力的综合表现。

3) 影响土壤肥力的因素　土壤本质的特征就是土壤肥力，肥力越高的土壤其生产能力越大。从肥力的定义上看，影响肥力高低的因素包括两大方面，其一是营养条件，其二是环境条件。其中营养条件包括水分、营养、土壤空气，而土壤温度和水分是环境条件，这里水既是环境因素，又是营养因素，所以，一般认为土壤肥力因素至少包括水分、养分、空气和温度 4 方面，简称为水、肥、气、热四大肥力因素。它们之间相互联系，相互制约，只有充分把握土壤中的水分情况、通气情况、土温及土壤营养，才能提高土壤肥力。

4) 土壤肥力的生态相对性　某种肥沃土壤或者某种不肥沃土壤只是针对某些或某种花卉植物而言，并不是对所有花卉植物而言的，这就是土壤肥力的生态相对性。

各种花卉在生态要求上常有各自的偏好，如酸碱、干湿、养分、寒热等。花卉种类不同差别越明显，如月季、牡丹、菊花等就比杜鹃、山茶花、天竺葵等更喜肥沃；芍药较耐寒，而君子兰喜温暖；杜鹃、栀子花必须在酸性土壤中生长，而石榴则适应广泛。不仅如此，同类花卉中不同品种对土壤的需求也有一定差别。因此，只有把花卉的生态要求和土壤的生态性统一起来，土壤肥力才能充分利用。在生产实践中，只有不断调节和改良土壤来满足花卉的需要，才能获得预期的产品。

5）土壤的物质组成　不论何种土壤，其基本物质组成大致相同，都是由固相、液相和气相 3 类物质组成。其中固相物质包括矿物质、有机质和微生物，一般占土壤总体积的 50%左右。固相物质的孔隙分布着液相物质（土壤水分）和气相物质（土壤空气）。这 3 类物质相互联系，相互制约，并不断变化和运动，左右土壤的肥力，形成了千差万别的土壤。

- 土壤
  - 固体土粒
    - 矿物质：由岩石风化而来，一般占固体部分重量的 95%以上。
    - 有机质：由生物积累，人为施肥而来。
    - 微生物：种类很多，包括动物区系和植物区系。
  - 粒间孔隙
    - 空气：一部分大气进入，如氮气、氧气等，另一部分由内部产生，如二氧化碳等。
    - 水分：实际上是溶解多种物质的稀溶液。

上述物质中，矿物质就好像土壤的骨骼，支撑着扎根于土壤的植物；有机质犹如土壤的肌肉，是土壤肥瘦的关键；土壤水分犹如血液，供应植物生长的水分和养料；气体的交换犹如生物的呼吸；土壤中的微生物是消化系统，没有它就没有植物所需的“可口”养分；因此，土壤有血有肉，有呼吸，有代谢，只有做到平衡和协调才能最大限度地发挥土壤肥力。

（2）土壤的性质

1）土壤质地　土壤的物质组成包括固体土粒及粒间孔隙。这些固体土粒大小不等，性质不同，为了研究方便，将这些土粒按大小分为石砾、沙粒、粉粒和黏粒 4 个等级。土壤中各种大小土粒含量的百分比组成就称为土壤质地，也可称为土壤机械组成。

土壤质地是土壤的一项重要属性，它反映了土壤的沙黏程度。鉴定和评价土壤肥力时，质地往往是首先考虑的指标之一。不同质地的土壤其肥力性状差异极大。土壤分为沙土、黏土和壤土 3 大类，各类土壤又可细分为不同的类别，见表 2—1。现将 3 类主要土壤的肥力特征概述如下：

①沙土　沙粒含量多，而黏粒很少，土壤疏松，易干耕作，又称轻土。粒间孔隙大，易于透水、透气，但蓄水保肥能力差，腐殖质含量低，热容量小，有“热性土”之称，土温上升快，下降也快，炎热夏季易灼伤苗，而秋冬季又易霜冻。

②黏土　与沙土正好相反，黏粒含量多，而沙粒很少，土壤黏重，耕作困难，又称重土。黏土的粒间孔隙小，透水性差，但吸收性强，保水保肥能力强，腐殖质易于积累，因此，养分含量高，但有效成分低，利用率差，热容量大，土温较稳定。园林花苗忌用黏土。

③壤土　又称二合土，沙、黏粒含量适中，不黏不沙，松紧适度，透气保肥，兼备了沙土、黏土的优点，克服了两者的缺点，具有良好的水、养、气、热状况和协调能力，可耕性良好，是一种理想的土壤质地。

判定土壤质地十分重要，简单易行的是在田间根据不同土粒间黏结能力的差别，凭借指感和搓条鉴别，具体见表 2—2。

表 2—1　　土壤质地分类表

质地类型	
沙土	松沙土 紧沙土
壤土	沙壤土 轻壤土 中壤土 重壤土
黏土	轻黏土 中黏土 重黏土

表 2—2　　土壤质地的野外鉴定法

序号	成型性	质地名称	成型图
1	土样松散，不能搓成小片	沙土	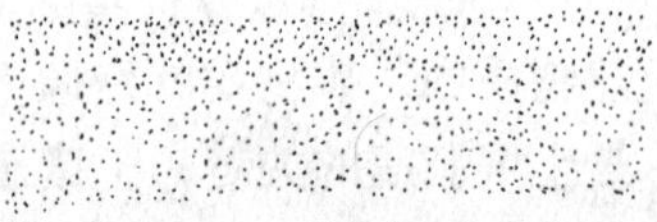
2	不能搓成土条，得到零散小片	沙壤土	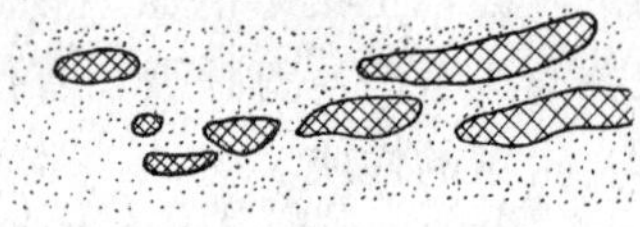
3	搓成土条后，分裂成小片	轻壤土	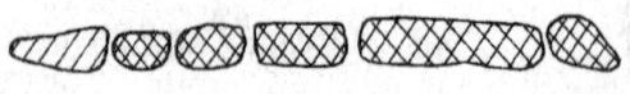
4	能搓成完整土条，但弯成小圈时断裂	中壤土	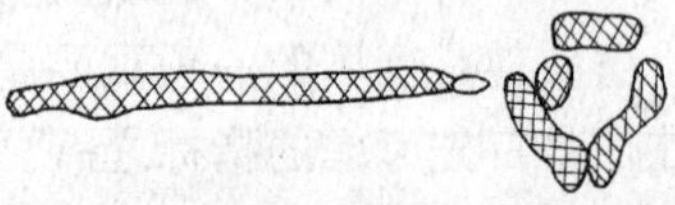
5	能搓成完整土条，并可弯成小圈，但小圈有裂缝	重壤土	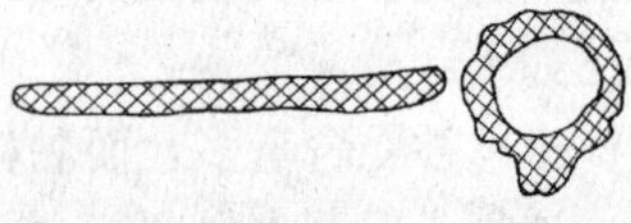
6	能搓成完整土条，并可弯成小圈而无裂缝	黏土	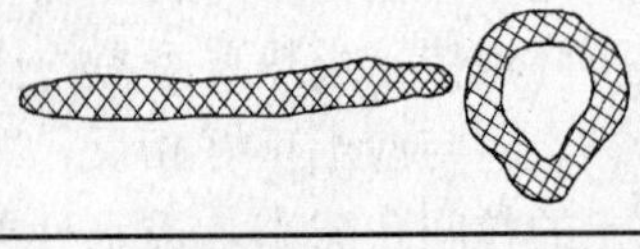

2）土壤结构　自然界的土壤，在大多数情况下，都是互相胶结形成大小不一的土团，这些土团不大容易分开，一般称它们为团聚体。这些大小不同，形状各异的团聚体的排列状况的总称为土壤结构（类似于建筑结构）。土壤结构的好坏对肥力影响很大，和土壤耕性也有密切关系。

常见的土壤结构有 6 种类型，如图 2—1 所示。

①单粒结构　土粒是单独分散状态，缺乏胶结物质，漏水、漏肥，对花卉生长不利。

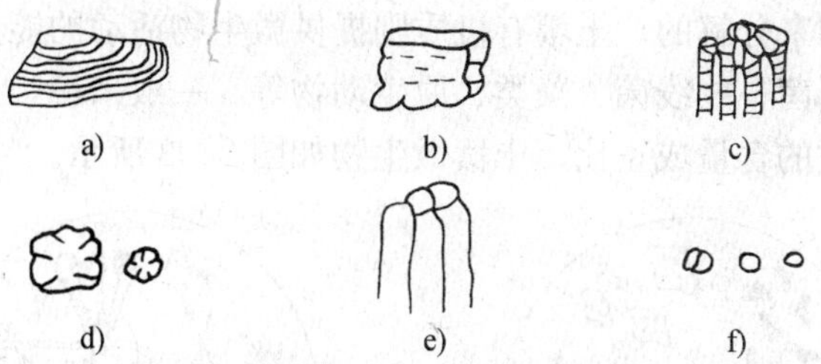

图 2—1　土壤结构体的种类

a）片状结构　b）大块状结构　c）棱柱状结构　d）块状结构　e）柱状结构　f）团粒结构

②块状结构　土壤硬结成不规则的较大土块，一般在 0.5～10 cm 之间，俗称“坷垃”。块状结构多见于黏重又缺少有机质的土壤。其耕作质量差，土壤肥力低。

③核状结构　土粒胶结成核状，呈不规则多面体，并有明显的棱角，表面光滑，内部十分紧实，泡水不散，表面颜色多为棕、褐色，由于结构体棱角相互镶嵌，排列紧密，所以土体紧实。核状结构属于不好的土壤结构，漏水、漏肥，缺乏有机质，常见于土壤下层（心土或底土层）。

④片状结构　土粒胶结成水平方向的片状结构体，排列紧密，孔隙小，土壤通透性差，严重影响花卉植物的生根发芽。

⑤柱状或棱状结构　土粒胶结成垂直方向的较大柱状或棱柱状，有明显棱角的称为棱柱状，边角不明显的为柱状结构。两者均内部紧实，一般出现在土壤的底层。

⑥团粒结构　土壤团聚体为近似球形，疏松多孔的小土团，粒径大小在 0.25～1 cm 之间，其空间排列也较疏松，浸水后不易散碎。这些团粒与团粒之间有大孔隙，可以透水透气，小土团内部有毛细管孔隙能保水保肥，由于这两种孔隙同时存在，既透水透气，又保水保肥，使水、气、热协调，因此团粒结构是最理想的土壤结构，是肥沃土壤的标志。团粒结构如图 2—2 所示。

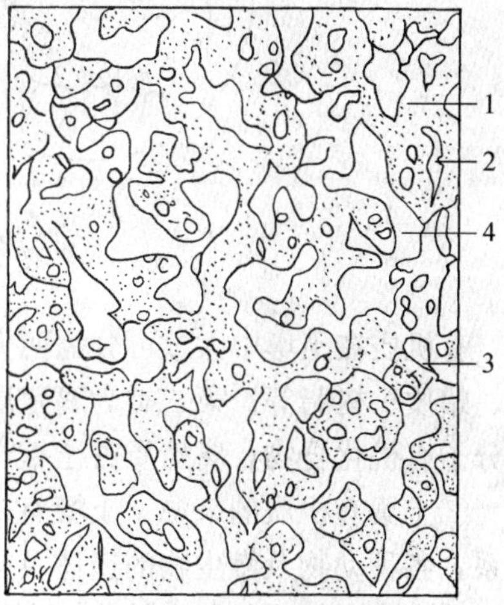

图 2—2　团粒结构

1—团粒中的细孔隙，主要是毛细管孔隙（土壤湿润时被水所充满）

2—团粒中的中孔隙（土壤湿润时被水所充满，失水后充以空气）

3—团粒接触处的毛细管孔隙（土壤潮湿时由水充满）

4—团粒间的大孔隙（几乎常常由空气充满）

团粒结构具有水稳性、力稳性、生物稳定性三重稳定性，常在表土层出现，整个耕层犹如海绵，通常改良土壤结构，就是指促进团粒结构的形成。

3）有机质与土壤肥力

①有机质的概念　有机质是动植物的残体或排泄物腐烂后形成的物质。虽然它在土壤中的含量很少，一般只占土壤干重的 1%～5%，但它是土壤肥力高低的重要标志，与土壤的肥力状况、理化性质有密切的关系。

有机质是靠微生物来分解的，土壤有机质则提供微生物活动的能量和养料。土壤微生物种类很多，有细菌、真菌、放线菌、藻类、原生动物等。一般来说，土壤微生物的数量和活动强度常与土壤有机质的含量成正比。土壤微生物如图 2—3 所示。

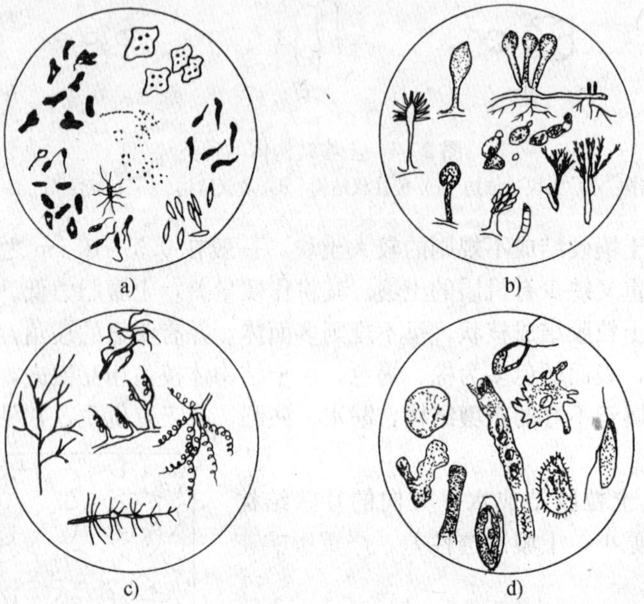

图 2—3　土壤中的各类微生物

有机质在土壤中大致可分为两大类型：第一类为非腐殖物质，包括蛋白质、糖类、有机酸、蜡质、树脂等；第二类为腐殖质，它是有机质被微生物分解后形成的一种更复杂的含氮高分子有机化合物，腐殖质占土壤有机质的 85%～90%，是土壤有机质的主要存在形式。

②土壤有机质的来源　土壤有机质来源的途径主要有以下几个方面：植物的枯枝落叶及根系，各种动物及微生物的遗体及排泄物，人为施入的有机肥料。

③土壤有机质的分解转化　有机质在土壤中经微生物的活动向两个方向转化。一是将复杂的有机质逐步分解为简单的无机化合物，如铵盐、硝酸盐、二氧化碳、水等，这一转化过程称为矿质化过程；另一方面有机质在分解的同时，又形成一种新的更为复杂更为稳定的有机化合物——腐殖质，这称腐殖化过程。

这两种过程同时进行，相互促进又相互制约，它们对土壤肥力各有贡献，矿质化过程使养分得以释放，而腐殖化过程则使养分积累并使土壤一系列理化性质得以改善。

④土壤有机质在肥力中的作用

a. 有机质是植物营养的主要来源。有机质中含有多种营养元素，如氮、磷、钾、钙、镁、硫、铁等主要元素及多种微量元素。研究表明，氮素主要来源于土壤有机质，约占土壤全氮的 90%～95%，通过养分分解转化，供植物吸收。

b. 改善土壤物理性质，促进团粒结构形成。有机质中的腐殖质及多糖类物质的黏结力比沙粒强，比黏粒弱，因此可以促进沙土形成团粒，与黏粒结合后，也易形成松散的团粒，有机质既可改变沙土的分散结构状况，又可改善黏土的坚韧大块，从而使土壤的一系列特性如透水性、通气性、宜耕性等都得以改善。有机质多呈深色，可加深土色，增强吸热，从而提高土温。

c. 改善土壤化学性质，增强保水保肥能力。有机质中的腐殖质为两性胶体，可以缓冲土壤酸碱变化。同时它疏松多孔，有巨大的表面积和表面能，大大提高了土壤的保水保肥能力。

d. 促进土壤养分有效化。有机质在分解中能产生多种有机酸，促进矿物风化，从而增加了矿质养分的有效性。

e. 促进植物生长。有机质中含有各种激素、抗生素，可刺激植物生长。

f. 促进微生物活动。土壤微生物的营养主要来源于有机质，只有有机质充足，微生物才能发挥强大的生物效能。

g. 减轻土壤中农药残余和重金属危害。有机质对残留农药和重金属有强烈的吸附和络合作用，可减轻或消除两者的危害。

4）土壤的酸碱性

①土壤酸碱性概念及等级　土壤中的水分含有各种可溶的有机、无机成分，有离子态、分子态，还有胶体态的，土壤中的水实际上是一种极为稀薄的溶液。土壤酸碱性就是土壤溶液酸碱的强弱程度，也称为土壤反应，通常用酸碱度来表示。它决定于土壤中氢离子（$[H^+]$）和氢氧根离子（$[OH^-]$）的相对含量，当 $[H^+] > [OH^-]$ 时，土壤呈酸性反应；当 $[OH^-] > [H^+]$ 时，土壤呈碱性反应；当 $[OH^-] = [H^+]$ 时，土壤呈中性反应。

我国把土壤酸碱度分以下5级：

pH值<5.0	强酸性
pH值为5.0～6.5	酸　性
pH值为6.5～7.5	中　性
pH值为7.5～8.5	碱　性
pH值>8.5	强碱性

不同的土壤pH值差异较大，但大多数土壤的pH值在4～9之间变动，且一定的土壤类型pH值相对固定。

②土壤酸碱度的调节　土壤酸碱度是土壤的基本性质，它是一个强度指标，也是影响土壤肥力的重要因素。如果土壤酸性或碱性过强，都将影响花卉植物的生长及土壤肥力的发挥，因此，应采取适当的方法调节。通常酸性土壤多用石灰来改良，主要是生石灰和石灰石粉两类，除此以外，沿海地区可用一些钙质的贝壳灰等，草木灰也是良好的改酸材料。碱性土壤改良通常用石膏，所用石膏细粒或粉状为好。此外，磷石膏、硫酸亚铁、硫磺粉、明矾等都可以降低土壤碱性。

无论是改良酸性土壤还是碱性土壤，都应将材料均匀混入土壤，这样才有利于与土壤充分作用。

2.2 栽培基质

花卉的栽培与生产除自然土壤外，还经常依靠人工来配制栽培基质。栽培基质代替了传统土壤，成为植物生长发育的载体，为其提供水分和营养物质，并对植株起支撑作用。常用的基质一般分为两种，一种是土壤混合基质，一种是无土基质。土壤混合基质是指基质中土壤含量在25%以上的，无土基质是不含土壤的栽培基质。栽培基质种类很多，应选择具有良好理化性质，通气、排水良好的材料，并能因地制宜，就地取材。

（1）理想栽培基质的要求

自然土壤是由固相物质、液相物质和气相物质组成的。固相物质具有支撑植物和提供养分的功能。液相物质具有提供植物水分和水溶性养分的功能。气相物质具有为根系提供氧气的功能。理想的栽培基质，除土壤本身外，其理化性质应类似于土壤，或较土壤更具优越性，应满足如下要求：

1）适合种植较多种类植物，适于植物的各个生长阶段。

2）总孔隙度大，达到饱和吸水量后，还能保持大量空气孔隙，有利于植物根系的扩展与贯通，具有良好的通透性。

3）吸水率大，保水保肥力强。

4）能够固定植株，支撑植物地上部位不发生倾倒，具有足够的强度支撑植物。

5）绝热性较好，不会因环境过冷过热而阻碍植物生长，妨碍根系活动。

6）本身不带病虫害，外来病害不易孳生。

7）消毒、灭菌不会发生变质，便于重复使用及灭菌灭害。

8）本身具有肥力，不受pH值干扰，具有适当的结构，稳定的理化性质，合适的水、气、养比例。

9）安全无污染，没有令人难闻的气味，不诱昆虫鸟兽，对人体、植物及周围环境无害。

10）pH值容易调节。pH值是衡量基质水溶液中氢离子浓度的指标，无土基质pH值以5.4～6.0为宜，土壤混合基质pH值为6.2～6.8，基质pH值会随时间长短、水分等而发生改变。

11）对土壤无污染，理想的栽培基质是良好的土壤改良剂，即使在土壤中含量很高也不会出现有害作用。

12）容易清洁卫生，沾在地上、手上、衣服或地面上极易清洗。

13）不受地区资源限制，便于工业化批量生产。

14）轻便美观，能适应室内装饰的需要并与花卉及环境相协调。重量轻，搬运方便。

15）管理简便，易于操作及标准化。

16）价格不昂贵，使生产者或用户经济上能够承受。

（2）常用栽培基质材料及其特性

1）腐叶土　腐叶土是用阔叶树的落叶堆积腐熟而成。在有阔叶林自然形成腐叶土的地方，可去采集应用。以栎树叶、榆树叶最为理想。通常，肥厚多汁的树叶不宜用，因水分过多，会影响树叶的好气分解。一般，经过两年的堆积就可使用，如堆腐时间过长，会引起养分损失。腐叶土呈酸性反应，pH 值在 4.6～5.2 之间，不含石灰质，对秋海棠、仙客来、地生兰花、蕨类植物、大岩桐等花卉尤为适宜。

2）堆肥土　堆肥土又称混合肥土，是花卉栽培广泛应用的一种土壤。是以植物的枯枝落叶、杂草、易腐垃圾等作原材料，选择避风蔽阴、地势较高的地方，将上述材料堆积成长形堆，高约 1.5 m，宽约 2.5 m。堆积时，要一层层堆，要堆疏松不要压紧。为防风刮，可在堆面上覆盖一层土或其他覆盖物。如材料过干，可适量喷水，如能添加少量稀粪更好，但不能过湿，否则会助长嫌气菌活动，使养分失散。在堆积过程中，每年需翻动两次，并重新堆积，把上面和两侧露在外面未腐烂的材料翻到中央，经过 3 年堆积，过筛的堆肥土经过消毒，即可作为花卉用土。

3）泥炭土　泥炭土又称草炭、黑土。是由泥炭藓或常年积水处生长的苔草属等炭化而成。由于形成阶段的不同，分解程度等都略有差异，但却都含有大量有机质，疏松、通透性好，无病虫害，具有防腐作用，是优质的栽培用土。从进口花卉的盆栽基质看，多是以泥炭土为主配制的。

4）针叶土　针叶土是由针叶树种的落叶残体堆积腐熟而成。以云杉、冷杉的落叶所形成的较好，松、柏等落叶较差。针叶土是强酸性基质，对杜鹃类喜酸植物尤为适宜。

5）田园土　田园土是富含有机质的菜园土或耕作层的大田土，常用来与其他材料共同配制成适合植物生长发育的栽培基质。

6）草皮土　将草地牧场表层厚 5～8 cm 的草皮连根掘起，草根向上，一层层堆积起来，经过一年腐熟就会形成草皮土。草皮土多呈现中性至碱性反应，草皮土在使用前应筛去石块及老化根茎等。水生花卉很适合这类土。

7）河沙　河沙一般不含养分，排水通畅，适合播种、育苗和扦插，常加入栽培基质中以增加通气排水性能。

8）塘泥　塘泥是指河流、池塘里肥沃的淤泥，质地坚硬，富含有机质，养分全面，肥效长而稳定。由于塘泥长期处于水下，在挖出后要经过一段时间的存放晾干，促使养分分解，然后使用。

9）江浙山泥　俗称兰花泥，微酸性，质地疏松，一般分布在山上有兰花、杜鹃花等生长的地方。

10）峨眉仙土　峨眉仙土是近年开发的一种盆栽用土，较适于栽种兰花和其他根部要求透气性好的植物。是四川峨眉山地区发现的一种类似泥炭土的土，是千万年来植物的枯枝落叶经堆积、分解、淋溶而形成。不似泥炭土那样疏松，挖出来呈块状，加工成颗粒状，颗粒遇水不散，腐殖质含量较高，微酸性，使用时破碎成小颗粒，粗的放在下层，细的放在上层。

11）蛭石　蛭石是硅酸盐材料在1 000℃高温下膨胀而成的。具有质轻、疏松、保水肥的优点，但不要长期使用，因蛭石易破碎而变致密，从而导致通气、排水性能变差；此外，它有沾在手上、衣服上、地上不易清洁的缺点。

12）膨胀珍珠岩　膨胀珍珠岩是岩浆岩经1 000℃高温煅烧后冷却膨胀而成的封闭多孔

性小颗粒，乳白色，通气排水性好，无营养成分，可多次使用，加入栽培基质中可增加疏松透气度及保水性能。

13）树皮　将栎树皮、松树皮和其他较厚、硬的树皮粉碎成小块作为栽培基质。树皮多偏酸性，不易腐烂，具有良好的通气和排水性能，多见于种植兰科植物。

14）椰糠　椰糠外形与泥炭相似，是加工椰壳的副产品。保水性和通气性极佳，并不含杂草种子和病原菌，pH 值在 4.5～6.9 之间，结构非常稳定，密度底，但使用成本高。

15）水苔　水苔从沼泽地上采集，经过晒干、打碎、筛过后，用于配制轻松、保水性良好的栽培基质，通常用于栽培热带兰及热带观叶植物。

除上述材料外，蕨根、木屑、刨花、砻糠灰等均可作栽培基质的配制材料。

（3）栽培基质的配制

栽培基质一般是由几种性质不同的原材料配制而成的。由于各地条件不同，原材料来源不同，所以配制方法、比例也不尽相同。但主要有土壤混合基质的配制（俗称培养土）以及无土基质配制两种。

1）土壤混合基质的配制　土壤混合基质由于基质中土壤含量在 25%以上，因此一般与土壤性质相似。因其内加入了珍珠岩、泥炭、树皮或其他材料，使得其密度降低，通气性改善。其优点是阳离子交换量高，对长期栽培植物非常有利。另外，土壤还可缓冲基质 pH 值变化，但其优良的保水性可能对幼苗生根不利。

①普通配方　可分为黏重、中度和轻度栽培基质 3 类。

a. 黏重栽培基质。田园土∶腐叶土∶河沙＝3∶1∶1。

b. 中度栽培基质。田园土∶腐叶土∶堆肥土∶河沙＝2∶1∶1∶1。

c. 轻度栽培基质。田园土∶腐叶土∶河沙＝1∶3∶1。

②播种用配方　其配合比例以种子大小而定。

a. 细小种子。腐叶土∶田园土∶河沙＝5∶2∶3。

b. 中等种子。腐叶土∶田园土∶河沙＝4∶4∶2。

c. 大粒种子。腐叶土∶田园土∶河沙＝5∶4∶1。

③仙人掌类植物配方　仙人掌类植物及多浆植物对土壤透水性要求较高，一般以河沙为主，掺少量堆肥土或腐叶土。

④其他常用配方

a. 田园土 50%、泥炭 25%～50%、蛭石 0%～25%。

b. 腐叶土 50%、泥炭 30%、堆肥土 20%、堆 30 cm 厚，一年后粉碎使用。

c. 田园土、锯末、堆肥土各 1/3。

d. 田园土 3 份＋草炭 2 份＋河沙 2 份＋珍珠岩 3 份。

2）无土基质的配制　无土基质是不含土壤的栽培基质，一般采用人工材料或其他天然材料。其优点是结构较稳定，保水性优良，可重复利用，密度低，搬运方便，成本低等。但无土基质阳离子交换量低，因此要不断施肥，而且无土基质容易干燥，另外，还需要加入一些密度高的基质，以增加栽培基质的重量。表 2—3 为常见花卉无土基质配方。

（4）栽培基质消毒

表 2—3　　常见花卉无土基质配方

一年生花卉	埃克花	泥炭∶蛭石∶沙子∶珍珠岩＝5∶3∶3∶1
宿根花卉	非洲紫罗兰	珍珠岩∶蛭石∶泥炭＝2∶1∶1
	安祖花	泥炭∶松树皮（粒径 2 cm 左右为宜）∶珍珠岩＝1∶1∶1
球根花卉	大岩桐	泥炭藓∶珍珠岩∶沙子∶树皮∶蛭石＝5∶1∶1∶1∶1
热带兰	大花惠兰	泥炭藓∶蕨根＝1∶2
观叶植物	鹿角蕨	水苔∶泥炭土∶沙＝1∶1∶1
木本花卉	一品红	泥炭∶珍珠岩∶蛭石＝7∶2∶1

为防止栽培基质中存在的真菌、细菌、线虫等引起的病虫害，栽培基质一般都要消毒，常用的消毒方法有蒸汽消毒和药剂消毒两类。

1）蒸汽消毒　将配制好的栽培基质装入密闭的铁制蒸汽导入容器中，1 h 后即可。

2）药剂消毒

配方一：将福尔马林配成 1∶50～1∶100 的溶液，用塑料薄膜覆盖封闭 1 天，开封 2 天后方可使用。

配方二：氯化苦 1∶50 封闭 3 天，开封 3 天后使用。

配方三：溴甲烷 1∶50 封闭 2 天，开封 3 天后使用。

另外，在操作时还要注意栽培基质的湿度要适宜，不可太干，也不可太湿，如果太干可喷少量清水湿润，但又不能过湿成团。

2.3　肥料

（1）化学肥料

1）常用氮肥的种类与性质　氮肥按其存在状态可分为以下几类：

①铵态氮肥　即氮肥中氮素形态为铵离子［NH_4^+］。常见的有硫酸铵、碳酸氢铵、氯化铵等。它们的共同特征是：具有铵离子［NH_4^+］，易被土壤胶体吸附（胶体通常带负电荷），不易流失，宜作基肥；由于水溶性好，是理想的速效肥；遇碱性物质会放出氨气（$NH_3\uparrow$）造成氮素损失，因此不能与碱性物质混用或存放。

a. 硫酸铵［$(NH_4)_2SO_4$］。简称硫铵，含氮量 20%～21%，微酸性速效氮肥。白色结晶，吸湿性较小，易溶于水，生理酸性肥料，长期施用易使土壤酸化、板结，宜作基肥，也适合追肥。

b. 碳酸氢铵［NH_4HCO_3］。简称碳铵，含氮量 17%左右，微碱性肥料，白色粉末，有强烈氨臭，易吸湿结块、分解挥发，储藏时应注意干燥低温，必须包装严密。生理中性肥料，对土壤酸碱性影响不大。可作基肥、追肥，应注意深施盖土，不能作种肥，以免氨气挥发熏坏种子，影响发芽。

c. 氯化铵［NH_4Cl］。含氮量 24%～25%，是制造纯碱的副产品，价格便宜，白色结晶，吸湿性比硫铵稍大，易结块，生理酸性肥料，长期施用会使土壤酸化、板结。宜作追肥、基肥，不宜作种肥，因氯化铵含大量氯离子，影响种子发芽。忌氯植物禁用。

②硝态氮肥　即氮肥中氮素形态是硝酸根［NO_3^-］。常见的有硝酸铵、硝酸钙等。它们具有以下共同特征：一是硝酸根［NO_3^-］不易被土壤胶体吸附，易随水流失，因此不宜作基肥。二是在缺氧的嫌气条件下，会产生反硝化作用（是指土壤在厌氧条件下，反硝化细菌把硝态氮转化成氧化二氮和氮气挥发损失的过程），造成脱氮损失。三是易引燃助爆，注意防火。

a. 硝酸铵［NH_4NO_3］。简称硝铵，含氮量33%～35%，为白色结晶，吸湿性强，易溶于水，易助燃引爆，储藏时应特别注意防潮、防爆。生理中性肥料，易淋失，只适宜作追肥。

b. 硝酸钙［$Ca(NO_3)_2$］。含氮约13%，吸湿性强，易结块，应储存于通风干燥处。生理碱性肥料，特别适合缺钙的酸性土应用，宜作追肥。

③酰胺态氮肥　酰胺态氮肥是指含有酰胺基的氮肥，如尿素。

尿素［$CO(NH_2)_2$］，含氮量45%～46%，白色结晶，易溶于水，生理中性肥料，肥效较铵态氮肥和硝态氮肥稍慢，在土壤中需经转化才能被植物吸收。转化时间与土温有关，一般在10℃时，需7～10天；在20℃时，需4～5天；在30℃时，只需2～3天。可作基肥、追肥，种肥要注意安全浓度，根外追肥效果好。

2）常用磷肥的种类与性质　磷肥根据溶解程度一般分为3类：

①水溶性磷肥　水溶性磷肥属速效性磷肥，主要有过磷酸钙等。

②弱酸溶性磷肥　弱酸溶性磷肥中的磷不溶于水而溶于弱酸，肥效较缓慢但持久，主要有钙镁磷肥等。

③难溶性磷肥　难溶性磷肥中的磷既不溶于水，也不溶于弱酸，只有在强酸环境下才能溶解。迟效性、后期作用强，不吸水，不结块。如磷矿粉等。

a. 过磷酸钙。又称普钙，其主要成分是$Ca(H_2PO_4)_2$，是我国生产最多的磷肥品种。灰白色粉末，含磷14%～18%，水溶性，微酸性速效肥，吸湿性强，易结块而引起磷酸退化（即过磷酸钙在储藏中由于吸湿引起化学变化，使水溶性的磷酸一钙转化为难溶性的磷酸铁、铝的过程）。该肥料在土壤中极易被固定，失去有效性，因此，施用时要尽量减少与土壤接触面，尽量集中施、深施、与有机肥混合施用，为提高肥效，应尽可能增加与根系接触面，另外，使用根外追肥效果较好。

b. 钙镁磷肥。其主要成分是$\alpha\text{-}Ca_3(PO_4)_2$。成品颜色不一，灰绿色或灰褐色，类似水泥。含磷量14%～18%，不溶于水，弱酸溶性，呈碱性肥料，不吸湿，不结块，便于储藏。该肥料在酸性土壤中使用效果好，最适宜作基肥，应深施以提高肥效。

3）常用钾肥性质及施用　主要有氯化钾、硫酸钾、草木灰等。以硫酸钾应用较多。

a. 硫酸钾［K_2SO_4］。含钾量48%～52%；水溶性，生理酸性肥料，宜作追肥、基肥、种肥、根外追肥。氯化钾［KCl］与硫酸钾性质相似。但一般只宜作追肥、基肥，不能作种肥，忌氯植物禁用。

b. 草木灰。草木灰是植物残体燃烧后所剩余的灰分。其成分复杂，含有较多的磷、钾、钙、镁及各种微量元素，其中，钾、钙数量最多，因此称为钾肥。草木灰中的钾是以K_2CO_3

形式存在的。它是水溶性钾，有效性高，能直接被植物吸收利用。草木灰是碱性肥料，不能与铵态氮肥混合施用，也不能与人粪尿等有机肥和过磷酸钙混合施用，以免造成氮的挥发损失。草木灰宜作基肥、种肥、追肥，以种肥为最，在酸性土壤中效果显著。

4）复合肥料的种类及常用复肥　凡是化学肥料中含有氮（N）、磷（P）、钾（K）三要素中两种或两种以上营养元素的肥料称复合肥料。其中含两种营养元素的称二元复合，含三种元素的称三元复合。根据其营养成分和含量，习惯上按 $N\text{-}P_2O\text{-}K_2O$ 的顺序分别用阿拉伯数字表示，“0”表示不含该元素，如果在复合肥料中含有微量元素的，则在 K_2O 后面位置表明其含量。如 15-15-15-0.5(Zn)-0.12(B)，表示含有效氮、磷、钾各 15%，含 Zn0.5%及 B0.12%。复合肥料按其制造方法有化成复合肥和混成复合肥。化成复合肥是指按一定的工艺流程经化学反应而制成的复合肥料。混成复合肥是单质肥料或化成复合肥按一定配比机械掺混而成，一般配比可针对植物或土壤进行搭配，不宜久放，最好随配随用。表 2—4 为常用的复合肥料的种类、成分及施用。

表 2—4　　常用的复合肥料的种类、成分及施用

种类	肥料名称	有效成分（$N\text{-}P_2O\text{-}K_2O$）	施用要点
二元复合肥料	磷酸一铵	12-52-0	条施，作种肥或基肥
	磷酸二铵	18-46-0	条施，作种肥或基肥
	液体磷铵	7-14-0	作基肥或追肥
	硝酸钾	13-0-45	浓度为 0.6%～1%
	磷酸二氢钾	0-24-28	浸种，浓度 0.2% 喷施，浓度 0.3%
三元复合肥料	氮磷钾一号	12-24-12	作基肥或追肥
	氮磷钾二号	10-20-15	作基肥或追肥
多元复合肥料	多效复合肥	10-10-5-0.02（Cu）-0.02（Zn）-0.001（Mo）和除草剂、杀菌剂等	作基肥或追肥

5）微量元素肥料的概念及常用微肥　锌（Zn）、铜（Cu）、铁（Fe）、硼（B）、钼（Mo）、锰（Mn）、氯（Cl）是植物必需的微量元素，这种用微量元素物质作肥料的就称微量元素肥料。由于这些元素苗木需要量很少，一般土壤中的含量就能够满足苗木的需要，所以不一定施用。但是有些土壤会出现缺少微量元素的症状。因此，可根据苗木的实际需要施用。常用的有硼酸［H_3BO_3］、钼酸铵［$(NH_4)_6Mo_7O_{24}\cdot 4H_2O$］、硫酸铜［$CuSO_4\cdot 5H_2O$］、硫酸锌［$ZnSO_4\cdot 7H_2O$］、硫酸锰［$MnSO_4\cdot 4H_2O$］、硫酸亚铁［$FeSO_4\cdot 7H_2O$］等，施用时，一般可用根外追肥。

6）缓释肥料　缓释肥料是指肥料施入土壤后，以某种调控机制或措施预先设定肥料在植物生长季节的释放模式，养分慢慢释放出来，使养分释放与养分吸收同步，从而有效地提高了肥料的利用率。缓释氮肥的优点如下。养分释放和供应时间长，满足植物持续吸收养分的要求；降低氮肥的渗漏与挥发，避免了肥料对环境的污染及人体潜在危害；一次施用量较大而不产生灼苗，减少施肥次数；节约用工；避免病虫害以及其他问题。

缓释氮肥主要有 4 种类型：

①微溶性的或低速溶解的化合物，如草酰二胺等。

②需要在微生物作用下才能缓慢释放可吸收氮素的物质。如脲甲醛（UF）、脲乙醛（CDU）等。

③包膜型肥料，如硫磺包膜尿素（SCU）、钙镁磷肥包膜碳铵等。其中，包膜型肥料因缓释效果明显，缓释时间可控制，被广泛应用。

④添加硝化抑制剂的肥料，如长效碳酸氢铵等。

缓释肥料除应用成本较高这一限制外，既可减少施肥次数和养分流失，又可保证花卉苗木的养分供应。

（2）有机肥料

1）人粪尿的成分及使用方法　人粪尿是人体新陈代谢的产物，是由人粪和尿组成的一种有机肥料。新鲜的人粪尿呈酸性，腐熟后呈碱性。人粪尿一般含有机质 5%～10%、含氮 0.5%～0.8%、含磷 0.2%～0.4%、含钾 0.2%～0.3%，从养分含量来看，它是一种含氮较多而磷钾较少的肥料，因此常作氮肥使用。值得注意的是人粪尿中含有氯化钠（NaCl），所以，不宜在盐碱地上施用，忌氯植物也不宜应用。宜作基肥、追肥，施用前兑水稀释。

2）厩肥的成分及使用　厩肥是家畜粪尿与垫料、饲料的残渣混合积攒而成的肥料，又称为圈肥或栏肥。厩肥是一种完全肥料，含有植物需要的各种营养元素和丰富的有机质，在一般情况下，厩肥平均含氮 0.5%、含磷 0.25%、含钾 0.6%、含有机质 25%。由于牲畜的种类不同，垫料、饲料均不同，养分含量有一定的差异，但总体来看，有机质含量均较高，是增加土壤有机质的良好肥源。由于厩肥成分复杂，分解缓慢，因此，一般作基肥，也可用于追肥或盖种。

3）绿肥的种类及施用　凡是用绿色植物作肥料的均称为绿肥。直接翻埋入土的称为压青，割下来运往别处当肥料的称为割青。绿肥的种类很多，按植物学科可分为豆科绿肥（如紫云英、田菁、蚕豆等）和非豆科绿肥。按栽培季节可分为冬季绿肥（如紫云英、苜蓿等）和夏季绿肥（如绿豆、田菁、猪屎豆等）。按栽培年限分可分为一年生绿肥（如田菁等）和多年生绿肥（如紫穗槐、红三叶等）。按生长习性又可分为旱生绿肥和水生绿肥（如绿萍、水花生、水葫芦等）。其中，一般以豆科植物作绿肥为最多。绿肥养分含量平均为含氮 0.3%～0.6%，有机质 15%左右。目前施用绿肥普遍采用的是压青，作基肥，以翻埋 10～15 cm深为宜，并注意一次用量不宜太多，以免有机酸危害，施用绿肥后宜精耕细整，并应在翻耕 2～3 天后再灌水，以保持土壤好氧环境，促进分解。

4）堆肥

①堆肥的成分及材料　堆肥是利用秸秆、垃圾、绿肥、落叶等有机肥料加人粪尿、家畜粪尿、污水和泥土进行堆积发酵制成的肥料，一般堆积材料有下列 3 类：

a. 不易分解物质。如杂草、枯枝、树叶等。这是堆肥原料的主体。

b. 促进分解物质。如人粪尿、家畜粪尿等。

c. 吸收性强的物质。如泥土、塘泥等。

堆肥分普通堆肥和高温堆肥两种，其成分也因材料和堆制方法不同而不同。一般来说高温堆肥质量优于普通堆肥。

②堆肥的堆制方法及施用　普通堆肥在厌氧条件下堆积而成，堆内温度低，一般在15～35℃，腐熟时间较长。首先在地面平铺一层泥，厚 10～15 cm，然后均匀铺上杂草、树叶、秸秆，厚 20～30 cm，浇上粪尿，再铺一层泥，厚 10 cm 左右，如此一层层堆，堆边踏实，堆高 1.8～2 m，最后用泥封好，一个月翻一次，加水再堆，一般 2～4 个月腐熟。

高温堆肥的堆内温度可达 60～70℃，腐熟时间短。先将枯枝、秸秆等材料和粪尿、水拌匀，堆成高 2 m、宽 3 m 的长方形大堆，最后覆土 3～5 cm，以保水肥。堆后约一周可发热达 60～70℃，10 天左右翻一次，如果材料已黑、烂、臭，说明基本腐熟，可以压紧堆积，盖土备用。

堆肥与厩肥相似，一般作基肥，结合翻地施用，与土充分混合，做到土肥相融。

5）饼肥的成分及使用方法　饼肥是含油分较高的植物种子，经榨油后剩下的残渣制成，主要有大豆饼、油茶籽饼、花生饼、葵花籽饼、芝麻饼、蓖麻饼等。饼肥是养分丰富的完全肥料，一般有机质含量 75%～85%，含氮 2%～7%，含磷 1%～3%，含钾 1%～2%。

饼肥可作基肥、追肥，一般不作种肥。施用前，须将其粉碎与污水浸泡发酵，或与人粪尿、厩肥一起堆积发酵，经 20 天左右，腐熟即可。饼肥施用时，应离开根系 6～10 cm深施。

单元 3

花卉的繁殖

3.1 播种

(1) 播种量的确定

播种量是指单位面积上所播种种子的重量。播种前，应先进行常规的种子检验，如种子净度、千粒重、发芽率等，以确定正确的播种量。花卉的播种量可按下式计算：

$$花卉的播种量=\frac{每亩计划苗数}{每千克种子粒数\times种子发芽率\times种子纯净率}$$

其中，发芽率和种子纯净率可按下式计算：

$$发芽率=\frac{发芽的种子数}{供试播的种子数}\times100\%$$

$$种子纯净率=\frac{纯种子重量}{样品总重量}\times100\%$$

实际播种量要根据土壤质地、气候冷暖、病虫草害、雨量多少、种子大小、播种方式、播种方法等确定。根据上面公式的计算，增加 0.5～4 倍。

(2) 种子处理

种子处理可以促使种子早发芽，出苗整齐，由于各种园林植物种子大小、种皮的厚薄、本身的性状不同，应采用不同的处理方法区别对待。

1) 容易发芽的种子的处理　万寿菊、羽叶茑萝、一些仙人掌类种子都很容易发芽，均可直接播种，也可用冷水、温水处理以缩短种子的膨胀时间，加快出苗速度。冷水浸种 (0～30℃) 12～24 h，适于种皮较薄的种子。温水浸种 (30～40℃) 6～12 h，适于种皮较厚的仙客来、文竹、旱金莲等。

2) 发芽困难的种子的处理　有的大粒种子发芽困难，如美人蕉、鹤望兰等，它们的种皮较厚且坚硬，吸水困难，对这些种子可在浸种前用刀刻伤种皮或磨破种皮。大量处理种子时可用稀硫酸浸泡，用前一定要做好实验，要掌握好时间，种皮刚一变软，立即用清水将种皮表面的硫酸冲洗干净，防止硫酸烧伤种胚。

3) 发芽迟缓的种子的处理　有些花卉种子如文竹、君子兰、金银花等，它们出苗缓慢，在播种前应进行催芽。

4）需打破休眠的种子的处理　有些种子在休眠时即使给予适宜的水分、温度、氧气等条件，也不能正常发芽，如荷花、月季、杜鹃等。对休眠的种子可采用低温层积处理，把花卉种子分层埋入湿润的素沙里，然后放在 0～7℃环境下，层积时间因种类而异，一般在 6 个月左右。如杜鹃、榆叶梅等需 30～40 天，海棠需 50～60 天，桃、李、梅等需 70～90 天，腊梅、白玉兰等需 3 个月以上。经层积处理后即可取出，筛去沙土，或直接播种，或催芽后再播。

（3）种子的采收和储藏

一、二年生花卉以播种育苗为主要的繁殖方式，宿根花卉、球根花卉等多用播种繁殖，因此，花卉种子的采集与储藏对栽培露地花卉十分重要。

1）采种

①母株的选择　为了确保种子的质量，需要选择留种用的花卉植株（母株），这些母株必须品种典型、性状优良、枝叶茂盛、无病虫害、正处壮年。

②采收时期选择　花卉种类不同，种子成熟的时间也各不相同，作为繁殖用的种子，在采集前首先要鉴定种子的成熟度。采种过早，种子成熟度不够，影响发芽和生长；采种过晚，种子容易散失或霉烂。不同种类花卉种子的采收要掌握其成熟特征适时采收。如一串红种子呈深褐色，石竹种子呈黑色，天目琼花果皮呈红色，牡丹种子呈黑色时即可采收。而有些种类，如凤仙花、蝴蝶花、飞燕草、矮牵牛、锦带花、丁香等，果实易开裂，需在开裂前及时采收，以避免种子散落。还有些种子陆续成熟的，如枸杞、醉鱼草、一串红等，需随时观察，及时采收。采种宜在晴朗、无风的早晨进行。

2）种子的调制处理　种子采收后，往往带有一些杂质，如果皮、果肉、草籽等，不易储藏，必须经过干燥、脱粒、净种、分级等步骤，才能符合储藏、运输、商品化的要求。

①脱粒　从果实中取出种子叫脱粒。干果类种子（如菊科花卉的种子等）和球果类（如松柏等）可用干燥脱粒法获得。肉质果类（如茄科、仙人掌类果实等）可采用水洗取种法，将果实浸入水中，用木棒冲捣使之与果肉分离，洗净后取出种子，干燥即可。

②净种　清除种子中的各种夹杂物，以提高种子的纯度。生产上常用方法如下：

a. 风选。用自然风或人工风，扬去空瘪种子和其他较轻的杂质；

b. 筛选。用不同孔径的筛子筛去和种子不同体积的杂物；

c. 水选。把种子浸入水中或盐水中，饱满种子下沉，剔除其他较轻的杂物。

在运用时应视种子的具体情况，也可几种方法结合使用。

③干燥　经过充分干燥的种子，可以使种子的生命活动大大减弱，从而能在较长时期保持种子的优良品质。一般采用自然干燥法。根据种子性质不同，常用晾干或阴干。晾晒时选择晴朗天气，把种子平摊在晒场上，一般小粒种子厚度不宜超过 3 cm，中粒和大粒种子不宜超过 10 cm。为提高干燥效果，一般每小时翻动一次，翻动要彻底，使底层的水分也能及时散发出去。晾晒干燥后的种子冷却后应及时入库。但经过水选及由肉质果中取得的种子忌日晒，只能阴干。除此之外也可采用红外线干燥法，具有速度快、质量好等优点，而且成本低、省工省时。

④分级　把同一批种子，按颗粒大小分类，称为种粒分级。一般可用不同孔径的筛子进

行筛选分级。生产上常采用分级后的种子分别播种，可提高种子的利用率，使出苗整齐，植株生长发育均匀，便于抚育管理。特别是一些细小种子如四季秋海棠（每克种子 7 万粒）、球根秋海棠（每克种子 5.4 万粒）、非洲紫罗兰（每克种子 3.5 万粒）、蒲包花（每克种子 2.4 万粒）等，其播种方法与一般种子不同，要特别注意。

3）储藏　种子采收后，由于各种原因而不能立即播种或销售时，就需要储藏。常用的储藏方法有：

①干藏法　将充分成熟的种子，干燥后放在纸袋、布袋或纸箱中，于冷室或干燥通风处保存。干藏法适用于储藏一、二年生草本花卉的种子。

②干燥密闭法　将充分干燥的种子放在罐或瓶一类的容器中，密封后置于冷凉处保存。大部分观赏树木的种子都适于用干燥密闭法储藏。

③低温储藏法　将充分干燥的种子用塑料或铝制罐盛装，分层放置架子上，置于室温保持－2～4℃的冷藏室内保存。

④水藏法　一些水生花卉的种子，如睡莲、王莲等，必须储藏于水中或湿泥土中，才能保持种子的活力。

3.2　无性繁殖

（1）扦插繁殖

1）扦插繁殖的种类及方法　根据插穗所取部位的不同分为叶插、茎插和根插。

①叶插　叶插常用于草本植物，在叶脉、叶柄、叶缘等处产生不定根和不定芽，从而形成新的植株。叶插常在生长期进行，根据叶片的完整程度分为全叶插和片叶插两种。

a. 全叶插常用于根茎类秋海棠，如蟆叶秋海棠、铁十字秋海棠，苦苣苔科的大岩桐、旋果苣和胡椒科的三色椒草、豆瓣绿等植物。对过大或过长的叶片可适当剪短或沿叶缘剪除部分，使叶片容易固定，减少叶片水分蒸发，有利于叶柄生根。全叶插在室温 20～25℃条件下，秋海棠科植物一般 25～30 天愈合生根，到长出小植物 50～60 天，个别种类需 70～100 天。苦苣苔科植物自扦插至生根需 10～25 天。胡椒科植物插后 15～20 天愈合生根，30 天后长出小植物。

b. 片叶插如虎尾兰属的虎尾兰、短叶虎尾兰，秋海棠属的蟆叶秋海棠、彩纹秋海棠，景天科的长寿花、红景天等，可用叶片的一部分作为扦插材料，使其生根并长出不定芽，形成完整的小植株。在室温 20～25℃条件下，虎尾兰可剪成 5 cm 一段，插后约 30 天生根，50 天长出不定芽。蟆叶秋海棠可将全叶带叶脉剪成 4～5 小片，插后 25～30 天生根，60～70 天长出小植物。长寿花叶插后 20～25 天生根，40 天长出不定芽。虎尾兰片叶插如图 3—1 所示。

②茎插　常见的方法有叶芽法扦插、硬枝扦插、嫩枝扦插、肉质茎扦插和草质茎扦插。

a. 叶芽法扦插即用完整叶片带腋芽的短茎作扦插材料。如图 3—2 所示。如山茶花、常春藤、大丽菊、天竺葵、橡皮树、龟背竹、绿萝等。常在春、秋季扦插，成活率高，草本植物比木本植物生根快。

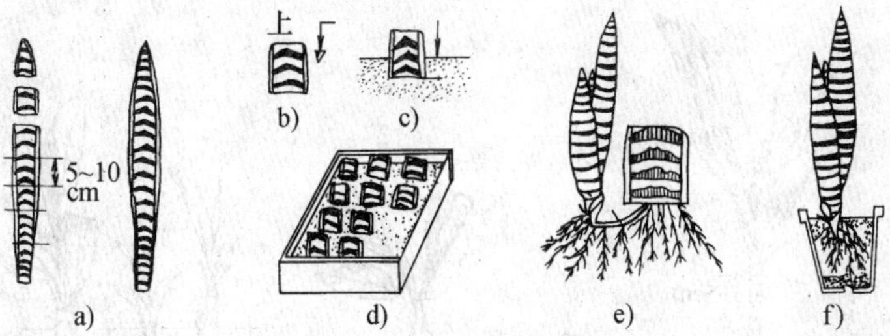

图 3—1　虎尾兰片叶插

a）切插叶　b）切去上边一角　c）扦插　d）沙床　e）根状茎下部生根，上部长叶　f）移栽于小盆

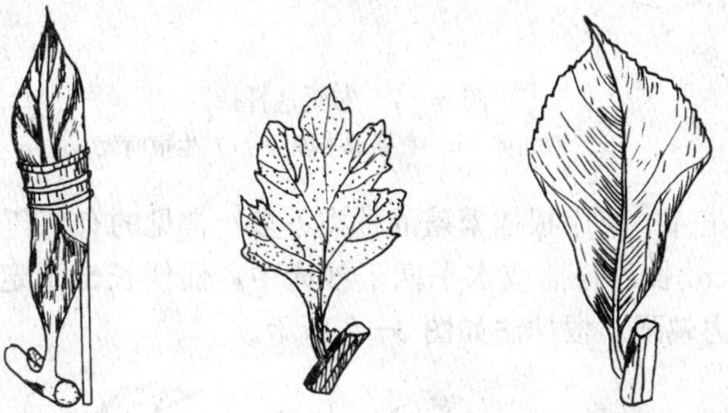

图 3—2　叶芽法扦插

b. 硬枝扦插常用于落叶灌木，如月季。待冬季落叶后剪取当年生枝条作插穗，有条件的可在温室内扦插或插穗沙藏，于翌年春季扦插。

c. 嫩枝扦插一般用半木质化的当年生嫩枝作插穗，以常绿灌木为多，如图 3—3 所示，如比利时杜鹃、扶桑、龙船花、茉莉等。以梅雨季扦插最为理想，生根快，成活率高。

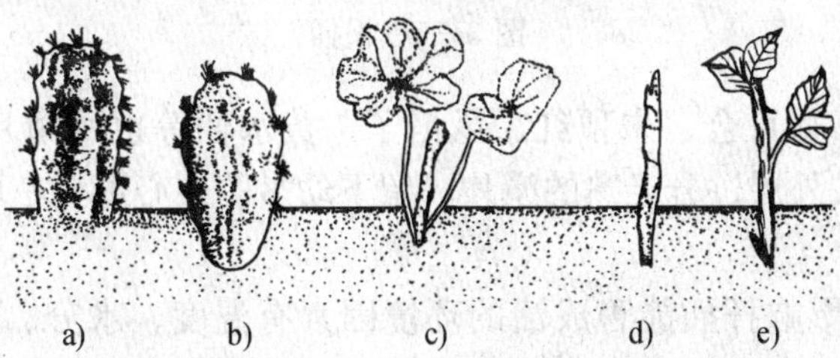

图 3—3　嫩枝扦插

a）三棱柱　b）仙人掌　c）天竺葵　d）菊花　e）月季

d. 肉质茎扦插的肉质茎一般比较粗壮，含水量高，有的富含白色乳液。因此，扦插时切口容易腐烂，影响成活率。如蟹爪兰、令箭荷花等，必须将剪下的插穗先晾干后再扦插。而垂榕、变叶木、一品红等插条切口会外流乳汁，必须将乳液洗清或待凝固后再扦插。

e. 草质茎扦插在盆栽花卉中应用十分广泛，如四季秋海棠、非洲凤仙、矮牵牛、一串红、万寿菊、菊花、香石竹、网纹草等，一般剪取较健壮、稍成熟的枝条，在室温18～22℃和稍遮阴的条件下，5～15 天生根。朱蕉茎扦插如图 3—4 所示。

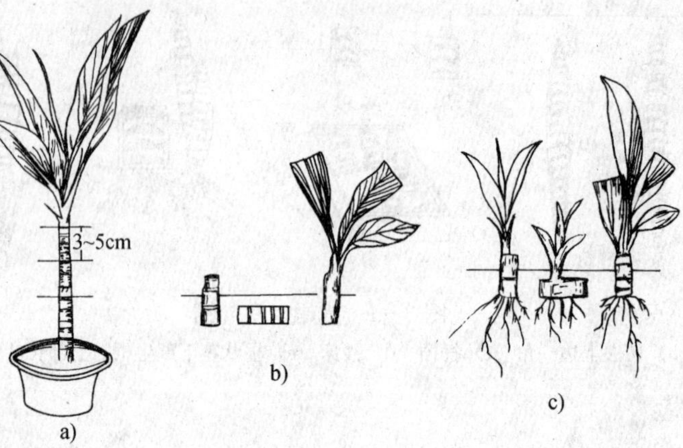

图 3—4　朱蕉茎扦插

a）取插穗　b）直插或平埋法　c）生根萌发

③根插　在盆栽花卉中应用根插繁殖的种类不多，常见的有芍药、牡丹、非洲菊等。将根挖出，剪成 5～10 cm 长，斜插或水平插于沙床中，促使长出不定根和不定芽。根插时，根部越粗，其再生能力越强。根插法如图 3—5 所示。

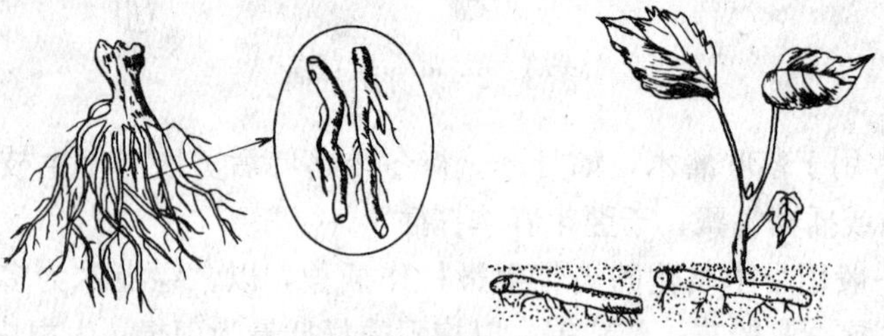

图 3—5　根插

但在盆花栽培中，如百合、朱顶红、风信子、黄水仙等也用鳞片扦插。选择健壮、充实、无病的鳞茎，剥去外层过分老熟的鳞片，留下幼嫩的中心部分，取中部鳞片供繁殖。用 0.1％升汞溶液消毒。

2）插穗的处理　影响扦插能否成活的环境因素有温度、水分、阳光、通气和基质等，而插穗本身的质量是影响其生根的主要内在因素，因此扦插时应选取生长健壮、发育充实、无病虫害的枝条作插穗。为了促进扦插提前生根，也可对插穗进行人工处理。常用的方法有物理处理法和激素处理法。

①物理处理　有些不易生根的种类，可在剪取插穗之前，在枝条基部用刀环割一伤口或用细绳、铁丝等环绕捆扎以截断部分营养运输，形成肥大的瘤状物，到休眠期在该瘤状物的下方剪下扦插。

②激素处理　能够促进插穗生根的激素种类很多，在生产上应用较广的有吲哚乙酸、吲哚丁酸、萘乙酸、生根粉等。

常用的有粉剂及液剂两种，生产上一般用溶液较多。吲哚乙酸、吲哚丁酸和萘乙酸常用的处理浓度为（500～2 000）$\times10^{-6}$，具体所用的浓度因花卉的种类、枝条木质化及处理时间而不同，并且气温的高低、土壤的酸度等也有一定影响。如在叶插时若用 0.01%吲哚丁酸溶液处理叶柄 1～2 s，可提早生根，有利于不定芽的产生。鳞片扦插前若用 0.005%萘乙酸溶液处理 1～2 s，插植或撒播于苗床中，以泥炭或细沙为基质，在 18～20℃下，保持湿润，当年鳞片基部就可生根，并形成小鳞茎。

（2）嫁接繁殖

1）嫁接繁殖的概念　嫁接繁殖是把植物营养器官的一部分（枝或芽）移接在另一植株上，使它们愈合、生长到一起成为新的独立植株。供嫁接用的枝或芽称为接穗，承受接穗的部分称为砧木。嫁接的优点是成苗快，开花结果早，能保持品种特性，提高对不良环境条件的适应能力，适用于矮化、抗病、一株多花和扦插难生根植物等特殊目的。缺点是繁殖量小，手续繁杂，技术性高，植株寿命短。

2）嫁接的时间　春、夏、秋 3 个季节都可进行。春接一般在春季发芽前 2～3 周进行，此时砧木根部和形成层已开始活动，树液已流动，而接穗上的芽尚未活动。夏接的时间因种类及地区的不同而有差异，一般在 6—9 月份进行。

3）嫁接的种类及方法　常用的方法按接穗的不同分为芽接、枝接和根接 3 类。

①芽接　用芽作接穗进行的嫁接称为芽接。它节省接穗，对砧木粗度要求不高，技术容易掌握，成活率高。常用的芽接方法有带木质部嵌芽接（见图 3—6）、“T”字形芽接、方块状芽接等，一般用“T”字形芽接为多。

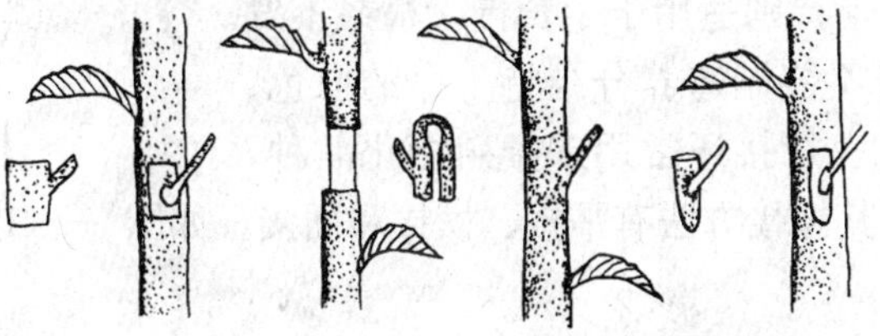

图 3—6　嵌芽接

芽接在月季繁殖中广泛使用，砧木常用粉团蔷薇和多花蔷薇。芽接月季生长快，开花早，抗病性强，特别适用于盆栽观赏。

②枝接　用枝条作接穗的嫁接叫枝接。其优点是成活率高，苗木生长快。常用的方法有劈接、切接、靠接等。

a. 劈接在盆栽花卉应用比较广泛，如大立菊、比利时杜鹃等。通常在砧木较粗、接穗较小时使用。从砧木中心垂直纵切，切口基部呈楔形，削成的接穗恰好插入，使砧木和接穗的形成层接合。如砧木和接穗粗细不一时，也可对准一侧的形成层，如图 3—7 所示。劈接成活率高，接穗生长快，开花早。

b. 切接是枝接中最常见的方法之一，如图 3—8 所示。通常在砧木粗度较细时使用，尤其是枝条髓部中空的种类。常在春季 2 月下旬至 3 月上旬进行。在盆栽山茶、扶桑、月季、垂榕中应用较多。

c. 靠接用于培育嫁接难以成活的珍贵树种，要求砧木与接穗均为自养植物，且粗度相

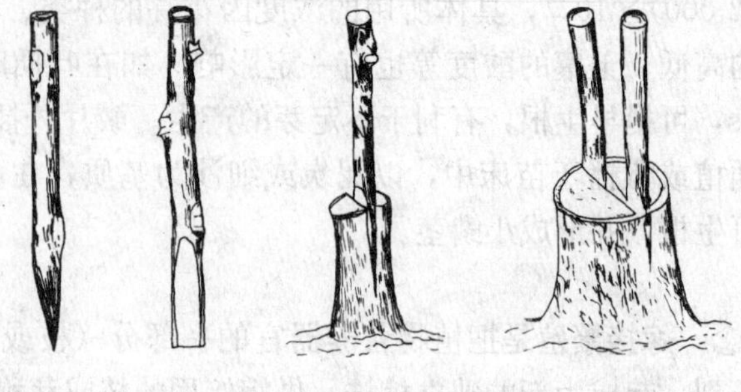

图 3—7　劈接

近，如图 3—9 所示。接穗不脱离母株，把有根的砧木、接穗各削取枝干一部分，使削面密接愈合。这在盆栽白兰中最常用，砧木用紫玉兰和黄兰，靠接后 60～70 天即能愈合，与母株割离后就可成苗。

③根接　用根作砧木进行嫁接的方法，多在冬、春季进行。方法与劈接相同，但嫁接后要在室内用湿沙假植一段时间，等芽萌动抽生出嫩枝后再移栽到苗圃或直接上盆。根接法如图 3—10 所示。

④仙人掌和多肉植物的嫁接　常见嫁接的仙人掌有生长快、开花早的特点，特别适用于生长慢、根系不发达和缺乏叶绿素、自身不能制造养分维持生命的白色、黄色、红色等园艺品种。嫁接还常用来繁殖缀化品种，培育新种和抢救良种。其嫁接方法有平接、楔接和插接，如图 3—11 所示。

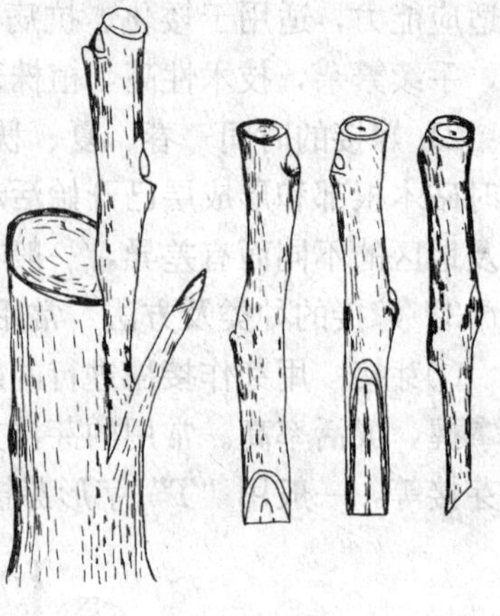

图 3—8　切接

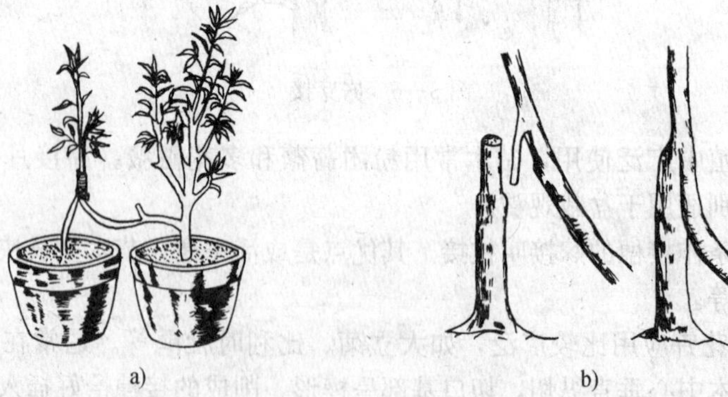

a)　　　　b)

图 3—9　靠接

a）普通靠接法　b）盖头皮靠接法

a. 平接。将砧木顶部和接穗基部分别削平，使接穗的基部平放于砧木的顶部，对准中心柱，并用棉线将接穗与砧木绑扎紧，待愈合成活后松绑。绝大部分仙人掌类植物均可采用，最常见的有绯牡丹、黄雪晃、世界图等。砧木常用量天尺和虎刺。从 5 月至 10 月均可

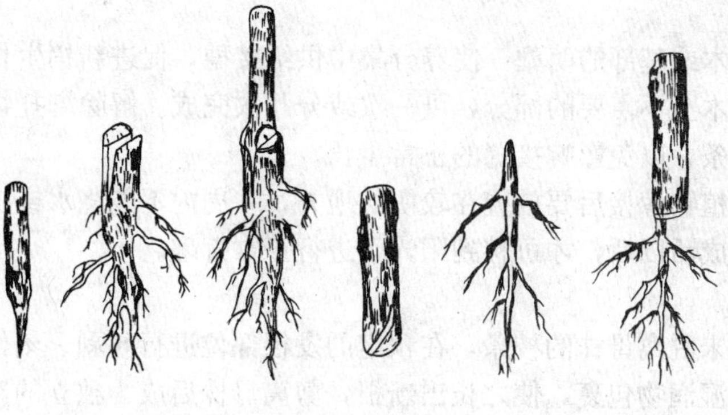

图 3—10 根接

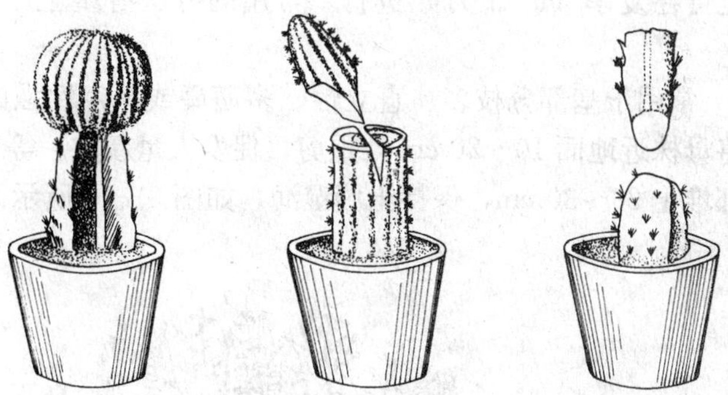

a) b) c)

图 3—11 仙人掌及多肉植物的嫁接方法

a）平接法 b）楔接法 c）插接法

嫁接，嫁接愈合快，成活率高。

b. 楔接。常用于茎节扁平的附生类仙人掌植物如蟹爪兰。先将砧木离盆口 20 cm 处削平，然后把砧木顶端部和接穗分别切成“V”形，将接穗轻轻嵌进砧木，用仙人掌的长刺或消毒的竹刺固定。砧木以量天尺和梨果仙人掌为宜。

c. 插接。适用于仙人掌或三棱剑作砧木，将砧木和接穗分别切成 60°角的切面，然后把接穗切面贴向砧木的斜面，用仙人掌长刺固定。此法常用来繁殖仙人掌、蟹爪兰等。

4）嫁接后的管理　主要有挂牌、检查成活率、抹芽、剪砧、解除绑扎物等工作。此外还要及时除草，加强水肥管理和病虫害防治，必要时也可以设立支架保护接穗，以免被风吹折。

挂牌是接后注明接穗品种、数量、储藏情况和嫁接日期、方法等，可防止嫁接品种混杂，还可了解生产情况和总结经验。

对生长季的芽接成活率检查在接后 7～15 天进行。如果带有叶柄，用手轻轻一碰，叶柄即脱落的表示已成活；若叶柄干枯不落或已发黑的表示未成活。不带叶柄的接穗，若芽已经萌发或保持新鲜状态则已成活；若芽片已干枯变黑，没有萌动迹象则嫁接失败。枝接或根接的，一般在嫁接后 1 个月左右检查。若接穗保持新鲜，或接穗上的芽已经萌发，表示嫁接成活。

抹芽即抹除砧木或基部的萌蘖，使养分集中供给接穗，促进新梢生长。剪砧是在嫁接成活后，及时剪去砧木上不需要的部分，可一次或分几次完成。解除绑扎物是在嫁接成活后及时去掉绑扎的塑料条，以免影响接穗的正常生长。

仙人掌与多肉植物嫁接后要放置在较阴的地方，一周内不能浇水或少浇水，尤其是伤口不能碰到水，完全成活以后，才可移到阳光下进行正常管理。

(3) 压条繁殖

压条繁殖是将未脱离母株的枝条，在预定的发根部位进行环剥、刻伤等处理，然后将该部位埋入土中或用湿润物包裹，使之长出新根，剪离母株后成为独立的新植株。压条由于繁殖系数低，常用于扦插生根困难或嫁接愈合成活率低的植物。一般在春季（3—4 月）进行，常绿木本观赏植物也可在夏季（6—7 月）进行。常用的方法有壅土压条法、平卧压条法、空中压条法等。

1）壅土压条法　常用于基部分枝多、直立性、多萌蘖或丛生性强的植物，如腊梅、茉莉等。在休眠期，将母株近地面 10～20 cm 处重剪，促发大量新枝。等新枝长到 20 cm 时进行刻伤，在母株基部堆土 20～30 cm，保持土壤湿润，如图 3—12 所示。翌年生根后，可分离成新植株。

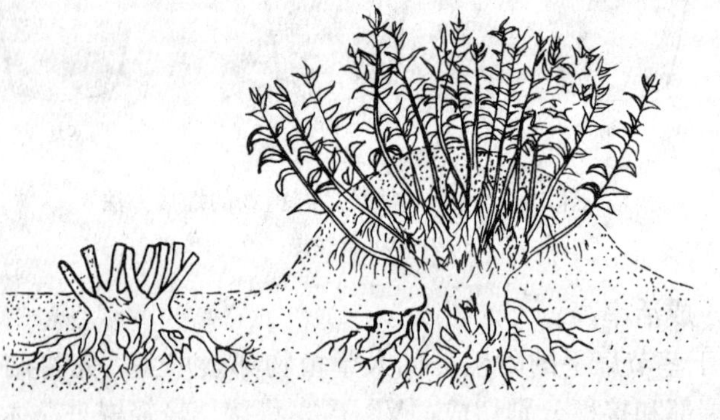

图 3—12　壅土压条法

2）平卧压条法　适于枝条长、软的植物。将茎部近地面的 1～2 年生枝条的下部弯曲埋入土中，深度为 15～20 cm，使枝条的顶端露出地面，并将埋入地下部分予以刻伤或环状剥皮，若用吲哚丁酸等生根剂处理，效果更好，待生根后与母株切离，如图 3—13 所示。常用于藤本月季、八仙花、迎春、常春藤、合果芋等的繁殖。

3）空中压条法　又称为高压法，应用最普遍，适用于基部不易产生萌蘖、枝条较高或枝条不易弯曲的植物，如山茶花、桂花、米兰、变叶木等。空中压条应选择发育充实的枝条和适当的压条部位，数量不超过母株枝条的 1/2。空中压条法如图 3—14 所示。

(4) 分球繁殖

分球繁殖是将球根花卉的地下或地上发生变态的营养器官从母体分离，成为独立植株。如根茎类的美人蕉、碗莲，球茎类的小苍兰、番红花，鳞茎类的风信子、百合、朱顶红、黄

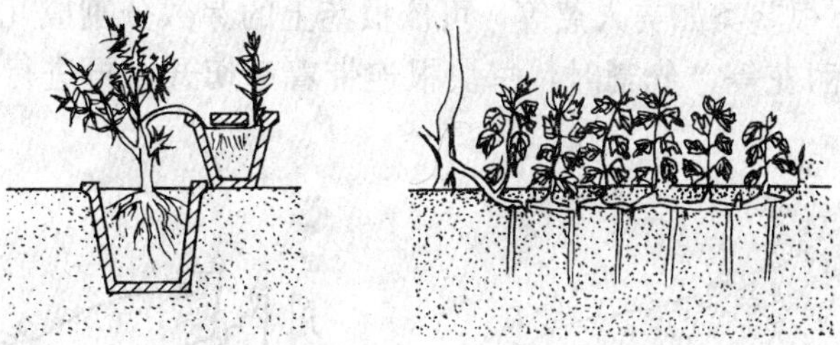

图 3—13　平卧压条法

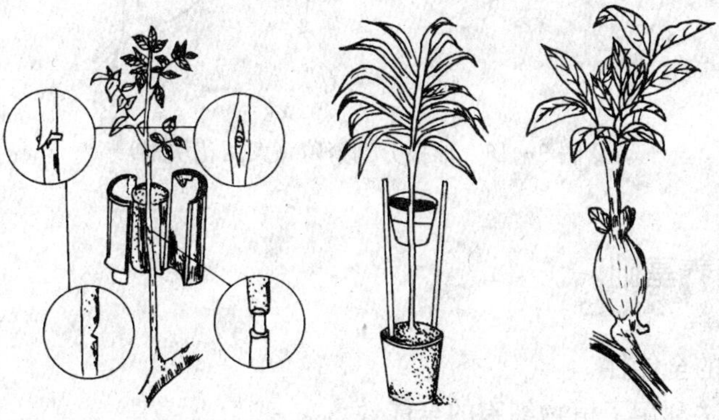

图 3—14　空中压条法

水仙，块茎类的黑叶观音莲、花叶芋、球根秋海棠，块根类的大丽菊。分球繁殖一般在春、秋季植物生长较慢或休眠期进行。

1）自然分球（珠芽、子球）　球根类花卉在老球上边或侧面能长出新球（子球），将其分离栽培即长成新植株。一般在春、秋两季进行。卷丹及沙紫百合等叶腋间，可产生许多小鳞茎，通常称为珠芽。在生长期间摘取珠芽插在繁殖床内经 2 年培养可开花。百合的珠芽繁殖如图 3—15 所示。

a)　b)

图 3—15　珠芽繁殖（百合）

a）珠芽　b）珠芽种在苗床中

2）球根分割法　根茎类如美人蕉等，可依根茎上的芽数分割成几块进行栽植，当年就能开花。块根类如大丽花等，分割时，每块根连带着芽切开，再进行栽植，如图 3—16 所示。

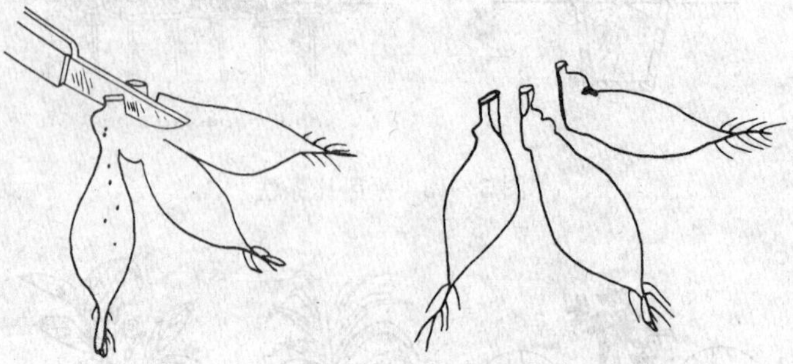

图 3—16　球根分割繁殖（大丽花块根）

3.3　组织培养基础

（1）植物细胞的全能性

组织培养繁殖法利用了植物细胞的全能性。

植物的细胞含有全套遗传基因，具有形成完整植株的能力。也就是说，植物的每个细胞都像合子细胞一样，具有在适当条件下不断分裂、增殖发育成完整植株的潜在能力。

适当条件是指含有植物生长发育所必需的各种矿质元素、维生素、氨基酸、碳源（糖）等的人工培养基上，附加一定量的生长调节物质；再加上一定的温度、湿度、光照等条件。

（2）组织培养的基本步骤

1）培养基的制备　生产上常用的培养基以 MS 培养基为基础。

2）外植体的采集、消毒和制备　准备用来进行组织培养的植物材料称为外植体。组织培养所用的植物材料十分广泛，有根、茎、叶、花、芽、子叶或胚轴的一部分，也可利用花粉粒、花药等。要保证培养材料的清洁。

3）接种和培养　在无菌环境下，将培养材料（外植体）放在培养基上的操作称为接种。培养阶段要注意温度、光照等环境条件，直至生根为止。

4）驯化培养　发根后的组培苗（试管苗）从培养瓶中移出栽培到基质中的过程称为炼苗。培养约两个月后可出圃。

单元 4

花卉的栽培管理

4.1 园林花卉的栽培管理

花卉在园林中应用一定要合理的养护管理，才能生长良好和充分发挥其观赏效果。主要有下列几项工作：

（1）栽植与更换

作为重点美化而布置的一、二年生花卉，全年需进行多次栽植与更换，才可保持其鲜艳夺目的色彩。必须事先根据设计要求进行育苗，至含蕾待放时移栽花坛，开花后给予清除更换。

华北地区的园林，花坛布置应于 4—10 月间保持良好的观赏效果，为此需要更换花卉 4～5 次；如采用观赏期较长的花卉，至少要更换 3 次。有些蔓性或植株铺散的花卉，因苗株长大后难移栽，另有一些需要直播的花卉，都应先盆栽培育，至可供观赏时脱盆栽植于花坛。国外普遍使用纸盆及半硬塑料盆，这对更换工作带来了很大方便。但在园林中如应用一、二年生花卉作重点美化，其育苗、更换、辅助工作等非常费工，不宜大量运用。

球根花卉按种类不同，分别于春季或秋季栽植。由于球根花卉不宜在成长后移植或花落后即掘起，所以对栽植初期植物幼小或枝叶稀少的种类的株行间，配植部分一、二年生花卉，用以覆盖土面并以其枝叶或花朵来衬托球根花卉，是相得益彰的。适应性较强的球根花卉在自然式布置种植时，不需每年采收。如郁金香可隔 2 年、水仙隔 3 年，石蒜类及百合类隔 3～4 年掘起分栽一次，作规则式布置时应每年掘起更新。

宿根花卉包括大多数岩生及水生花卉，常在春或秋分株栽植，根据生长习性的不同，可 2～3 年或 5～6 年分栽一次。

地被植物大部分为宿根性，要求更较粗放；其中属一、二年生的如选材合适，一般不需较多管理，可让其自播繁衍，只在种类比例失调时，补播或移栽小苗即可。

（2）土壤要求与施肥

普通园土适合多数花卉生长，对过劣的或工业污染的土壤（及有特殊要求的花卉）需要换入新土（客土）或施肥改良。对于多年生花卉的施肥，通常是在分株栽植时作基肥施入；一、二年生花卉主要在圃地培育时施肥，移至花坛仅供短期观赏，一般不再施肥；其中花期较长者可在移植到花坛后追施液肥 1～2 次。

（3）修剪与整理

在圃地培育的草花一般很少进行修剪，而在园林布置时，要使花容整洁，花色清新，修剪是一项不可忽视的工作。要经常将残花、果实（观花者如不使其结实，往往可延长花期）及枯枝黄叶剪除；毛毡花坛需要经常修剪，才能保持清晰的图案与适宜的高度；对易倒伏的花卉需要设支柱；其他宿根花卉、地被植物在秋冬茎叶枯黄后需要及时清理或刈除；需要防寒覆盖的可利用这些干枝叶，但应防止病虫害藏匿及注意美观。

（4）浇水

园林花卉应用后浇水主要根据气候情况及其应用形式而决定。如由五色苋组成的立体花坛须保证一天之内 2 次喷水，而一些花丛或花坛根据应用的位置和方式而采用不同浇水次数。在岩石园中，由于应用的植物抗旱性强，并且为控制其生长，应减少浇水次数。

4.2 常见盆栽花卉的栽培管理

盆栽花卉是以盆栽形式装饰居室、厅堂、庭院和园林的一类花卉，如君子兰、茉莉等。

（1）盆栽花卉的优点

盆花是花卉装饰的基本材料，它有以下优点：

1）可根据所要装饰的对象、环境等进行不同的构思、设计、布置、施工。

2）具有相当程度的可改变性、可移动性，布置和更换方便，可迅速美化环境，撤换较简便。

3）种类繁多，形式多样，花径、花形、花色、叶形、叶色、株形、株态等变化多端；可使布置形式丰富多彩。

4）在不同的环境条件下都有相适应的盆花种类。

5）一般花期长且有四季都开花的种类，可以保证四季常青。

6）不仅利用了植物材料，也结合利用了某些园林装饰手段和材料，如假山、叠石、水池、水景等。

（2）分类

盆花的分类依据较多，有盆花的高度、形态、对光照要求等。

1）依盆花高度（包括花盆高度），可分为：

①特大盆花　高度在 200 cm 以上。

②大型盆花　高度在 130～200 cm 之间。

③中型盆花　高度为 50～129 cm。

④小型盆花　高度在 20～49 cm 之间。

⑤特小型盆花　高度在 20 cm 以下。

2）依盆花形态，可分为：

①直立型盆花　植株生长向上伸展，大多数盆花属于此类。如香龙血树（巴西铁、巴西木）、朱蕉、仙客来、四季秋海棠等，是环境布置中的主体材料。

②匍匐型盆花　植株向四周匍匐生长，有的种类在节处着地生根。如吊竹梅、白花紫露草、吊兰、天门冬等，它们是覆盖地面或垂吊观赏的良好材料。

③攀缘型盆花　植株具攀缘性或缠绕性，可借他物向上攀升，如文竹、三角花、绿萝、常春藤、海金沙等，可用于美化墙面、窗台、阳台或棚架及各种造型等。

3）依对光照要求的不同，可分为：

①要求充足光照的花卉　适宜露地花卉布置应用，若用于室内，只可短期观赏（3～10天），如天门冬等。

②要求室内阳光充足的花卉　如三角花、一品红、瓜叶菊、变叶木、仙客来、天竺葵等，可在室内摆放 10～15 天，及时更换。

③要求室内明亮而有部分直射光线的花卉　如南洋杉、印度橡皮树、朱蕉、秋海棠类、兰花等，可陈设 30 天左右，冬季可延长 1～2 个月。

④耐阴的花卉　如苏铁、广东万年青、散尾葵、南天竹、凤梨类、竹芋类、蕨类植物、八角金盘、棕竹、龟背竹、一叶兰、君子兰等，可在室内明亮但无直射光线下摆放 30 天，冬季可延长 1～2 个月。

（3）基本栽培措施

1）上盆　将幼苗（播种苗或扦插苗等）移入花盆中栽培，或将露地栽培的花卉移到花盆中栽培，称为上盆。上盆时，首先根据幼苗的大小或植株的根系的多少选择相应规格的花盆。掌握小苗用小盆，大苗用大盆的原则，否则盆太小，土、肥水供应不足，使根系发展受到限制；盆太大会给管理带来不便，使浇水量不容易掌握，不是缺水就是积水，不利于植株生长。其次要注意，若是新花盆，使用前必须入水浸泡 1～2 天，以退水去碱，防止盆壁强烈吸水而损伤花卉根系；若是旧花盆，必须刮干净，清除盆壁黏附的泥土及青苔，用清水冲洗干净，这样有利于透气、渗水。

刚上完盆的盆花应放在阴棚下，枝叶上适当喷洒水雾，保持盆土湿润，以利缓苗。幼苗或植株枝叶挺立舒展，恢复生长后，即可进行常规管理。

2）换盆　把盆栽植物换到另一盆中去的操作称为“换盆”，如图 4—1 所示。

换盆有两种情况：一是随着幼苗的不断生长，枝叶量显著增多，冠幅增大，根群在盆内

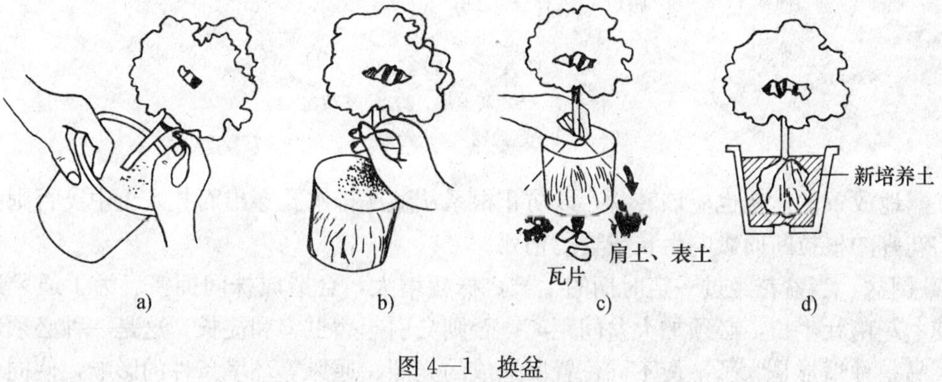

图 4—1　换盆

a)，b) 取出植株　c) 去除肩土、表土　d) 栽植

土壤中已无伸展的余地，需要及时由小盆换到大盆中，扩大根群的营养容积，利于苗株继续健壮生长；另一种情况是已经充分成长的植株，经过几年以后，原来盆中的土壤养分丧失，或被老根充满，为修剪根系和改善根部的营养状况，不移入大盆而是换上同样大小的新盆另行栽植，这种换盆又称为翻盆。

由小盆换入大盆时，应按植株发育的大小逐渐换入较大的盆中，不要换入太大的盆里，否则费工费料，成本高，而且水分不易调节，植株根系通气不良，生长不充实，花蕾形成较迟，着花也较少。

由于换盆改善了根系的营养面积，改良了栽培土壤的理化性能，使根系复壮，因此适当的换盆能使植株强健，生长充实，高度较低，株形紧凑，花繁色艳。一般宿根温室花卉 1 年换盆一次，木本温室花卉 2 年或 3 年换盆一次，时间一般在秋季植株停止生长后或春季植株开始生长之前进行，通常在春季进行。常绿花卉可在初夏或雨季，或花期过后换盆。

换盆后要保持土壤湿润，第一次水要浇透，以使根部与土壤接触紧密。以后浇水则不宜过多，因为换盆后植株根系受伤，特别是修剪过根的植株，若这时浇水多，易使根部伤口腐烂，应待新根生出后再逐渐增加浇水量。初换盆时，也不可使盆土干燥，否则容易造成植株枯死。换盆后的最初 7～10 天，宜放置在蔽阴处。

3）转盆　在室中放置的盆花，如长时间不转动，则植株偏向光线投入的方向，形成偏冠现象。这种偏斜的程度与速度又和植物生长的速度有很大关系，生长快的盆花，偏斜的速度和程度就大些。为了防止这种偏冠现象的产生，应该每 20～40 天将盆花转动 180°，从而矫正偏向一方的缺点，如图 4—2 所示。

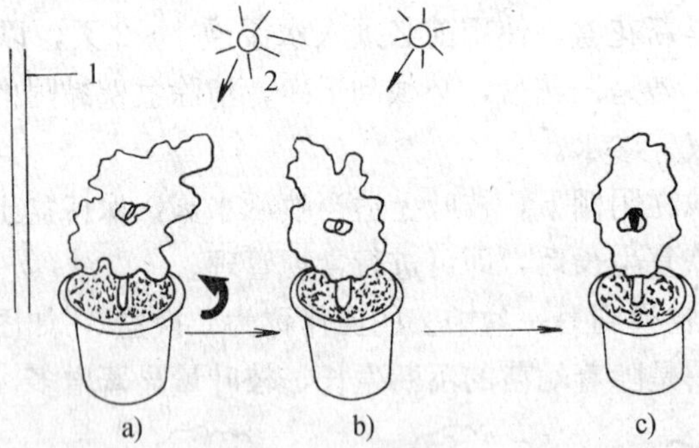

图 4—2　转盆

a）转盆前　b）转盆后　c）经常转盆

1—遮挡物　2—光源

在露地放置的盆花也应该转盆，以防止根系从盆底排水孔穿出而扎入土中。否则移动时容易将花卉的根拉断而影响生长或萎蔫枯死。

4）倒盆　当盆花经过一定时期的生长，株幅增大，会造成株间拥挤。为了通风透光良好，使盆花苗壮生长，必须加大盆间距离，否则会引起病虫害和徒长，这是一种必须倒盆的情形。另一种情形是为了平衡不同位置所造成的光照、通风等环境条件的影响，使同一批花卉生长均匀。倒盆和转盆通常同时进行。

5）松盆　是用金属工具（如小铁耙等）或竹片将盆土表面疏松，使因不断浇水而板结的土面松开，以利空气流通，促进根系的发育；同时可以清除杂草和青苔；也有利于浇水和施肥。

6）浇水

①盆栽花卉浇水的原则

a. 看天浇水。为盆花浇水，对于一天之内的气候变化和每个季节的气候变化，都要密切注意。如阴天湿度大，温度往往也不高，花卉蒸腾和土壤蒸发量都较少，浇水量就要减少，甚至不浇水。晴天炎热，湿度也低，花卉耗水量大，浇水次数及浇水量要相应增加。干旱季节要多浇水，雨季要防涝。

b. 看土浇水。即根据盆土的干湿情况，干则多浇，湿则少浇。一般检查盆土的干湿，可用手敲盆，根据音响来判断是否需要浇水。一般发出清脆的声音时表示盆土已干，需要浇水。此外，当施用较多肥料后，浇水量也必须加多，以免土壤溶液过浓造成反“渗透”而引起“烧根”现象。

c. 看花浇水。花卉是否缺水，或浇水量是否过多，可从它的外部形态表现出来。如果叶子萎蔫即是缺水，萎蔫的程度说明缺水的轻重。如花卉徒长，则说明水分太多；叶片黄而薄，则要根据情况判断，有的是缺水，有的则是水多。根据花卉形态，可判断决定是浇水或控制浇水。

d. 看季节浇水。春季花卉生长活动虽已开始，但对水分要求不多，可根据不同种类每隔 2～3 天浇水 1 次。夏季气温高，花卉生长迅速，植株蒸腾量和土壤蒸发量都很大，需要水分较多，一般应该每天浇水 1 次。入伏后天气更热，花卉耗水量更多，应该每天浇水两次。上午 7 时左右浇水 1 次，水量为下午的 1/2；下午 3 点左右浇第二次水，水量应较大，使盆土湿度能保持到次日上午。入秋后，天气转凉，花卉生长也逐渐迟缓，浇水可由一天一次改为隔天一次。冬季，盆花一般在室内养护，浇水次数依花卉种类及温室的温度而定。在低温温室的，可每 10～15 天浇水 1 次；在中温温室的，一般每 1～2 天浇水 1 次；在日光充足而温度稍高的温室的，浇水要多一些。

②浇水量　花木上盆后，第一遍水一定要水量大，浇得足。这样既能使花卉根系与土壤密切结合，便于吸收水分和养分，迅速恢复生长，又能够防止“腰截水”的产生。腰截水是由于浇水量少，水分只能下渗到盆土的上半部，造成上部盆土紧密，下部盆土疏松的现象，再浇水时往往难于下渗，使盆土上部积水而下部干燥。如果出现这种情况，可以用“通条”将盆土扎出孔洞，然后浇水。

在花卉正常生长期间，要掌握间湿间干的原则，即浇水时要使盆土有干有湿，既不要始终湿透，也不要长期干旱，而要干湿相间。这种浇水方法符合大多数花卉生长的需要，而要做到间湿间干，要掌握两个“透”字，即在盆土行将干透时再浇水，要浇足、浇透。

③浇水的温度　为盆栽花卉浇水，水温最好与空气温度、土壤温度差不多，或者相同。因此，盆栽花卉栽培量较大时，应设有储水池或大水缸，将水注入池内或缸内，以提高水温。

④浇水的方法　浇水按其方式不同，可分为洒水、找水、放水、喷水、浸水、扣水等。

a. 盆栽花卉多用喷壶洒水。在室外养护阶段，每天全面洒一次透水。水量以浇完即很快渗完为好。

b. 找水是指补充浇水，即寻找到个别缺水的植株，给它们补浇水，以免发生凋萎。

c. 放水是指在生长旺季结合追肥加大浇水量，以满足枝叶生长的需要。

d. 喷水是指对一些生长缓慢或要求空气湿度较大的植物进行的浇水方法，不仅可以清洗叶面上的粉尘，降低温度，还可以提高空气相对湿度。

e. 浸水是指用花盆播种花卉时，一般多用浸盆法补充水分。

f. 扣水是指少浇水或不浇水，草本花卉又称为蹲苗。利用扣水主要可促使枝条生长健壮，防止徒长，开花繁多，并可提前开花。如在植物换盆后，根系被修剪而伤口尚未愈合时，花芽进行分化时以及盆栽植株入房前后，多用扣水法。

对过分干旱而萎蔫的花卉补充水分时，首先应将它置于阴凉潮湿的地方，先浇少量的水，然后逐渐增加浇水量，使其缓慢复原，切不可一开始就大量浇水，否则会导致严重落叶、落花或落果，甚至导致植株死亡。

7）施肥　随着花卉栽培事业的发展，适用于盆栽植物施用的专用花肥应运而生，如国产的育花灵、花友、花乐、叶面宝和国外产的花宝、魔肥等。这些合成的专用花肥含有多种营养成分，有固态和液态两大类，固态花肥多制成棒状、丸状或片剂状，施用时直接埋入盆土中，极为方便，有效期可达半年之久；液态花肥多为瓶装浓缩液，按比例加水稀释浇施于盆土或喷洒于叶面上，肥力高，见效快，是理想的盆栽植物用肥。专用花肥在成分和含量上有多种配方，有的适用于观叶植物，有的适用于观花植物，在购买时应注意选择。不同花肥有不同的施肥方法：

①拌施　将有机肥料和无机肥料按比例混合拌匀，在盆的底层或盆的四周作基肥施用，让肥分逐渐分解释放而被植物吸收，也可将有机肥料和无机肥料与土壤或其他基质充分拌匀后作培养土使用，但注意肥分不要过量，以免伤害根系。

②液施　将各种有机肥料，如腐熟的人粪尿和饼肥水、无机肥料、复合肥及液态专用花肥等，以一定的比例加水稀释后浇施盆苗，作追肥施用。液施肥力均匀，容易被根系吸收，见效快，但要注意液肥不能太浓，否则极易烧伤根系，造成肥害，一般应以薄肥勤施为好。

③撒施　把经发酵过的饼肥或颗粒状的复合肥等均匀地撒在盆土表面，待其慢慢溶解渗入土中被植物吸收。此法操作方便，但一次撒施量不能过多。

④喷施　用稀释的无机肥料或液态花肥，喷洒于植物的叶片上，使营养物质从叶部进入体内，直接参与植物的新陈代谢和有机物的合成过程，因此，又称为根外追肥。实践证明，叶面施肥效果比土壤施肥更为迅速有效，此法特别适用于某些根系吸收能力较弱的种类和附生植物，如喜林芋、附生凤梨、附生兰等，也常用作治疗植物缺素症的有效方法。

⑤穴施　先在花盆边缘挖 2～3 个小穴，穴深约为盆土深度的 2/3，将棒状、丸状或片剂状固态花肥放入穴内，再覆上土即可。此法肥力损失少，肥效稳而持久，是比较理想的盆栽植物施肥方法。

8）整形修剪　盆栽花卉的根部营养面积有限，若任其自然生长，不仅枝条杂乱不美观，而且往往造成地上部分与根部营养比例失调和枝叶疏密不匀，影响通风透光，容易发生病害。因此，要进行合理的整形修剪以调节其生长发育。

常用方法主要有剥芽、去蘖、短截、摘心、除叶、疏果、整形等。

（4）休眠期管理

不同的花卉在不同的时期休眠。首先要掌握各种花卉的生长习性，然后才能进行适时的管理。对夏季休眠的盆花，应该控制浇水、降低温度、不施肥，待其度过休眠期后再换盆并逐渐浇大水并施肥，转入正常管理。对冬季休眠的盆花，也应少浇水，不使室温过高，不施肥料。

4.3 观叶植物的养护

观叶植物是指以叶片的形状、色泽和质地为主要观赏对象，具有较强的耐阴性，适宜在室内散射光条件下较长时间陈设和观赏的一类植物。根据性状不同，又可分为木本观叶植物，如苏铁、南洋杉、印度橡皮树、棕竹等；草本观叶植物，如肾蕨、秋海棠、文竹、蜘蛛抱蛋等；藤本观叶植物，如洋常春藤、绿萝、白蝶合果芋、红苞喜林芋等。

（1）观叶植物的优点

观叶植物种类非常丰富，已利用的观叶植物种类和品种达1 400种以上，是当今世界室内绿化装饰的主要植物材料。这些观叶植物大多原产于热带地区，也有的原产于亚热带地区，具有以下优点：

1）耐阴性强　在室内低光照条件下，一般观赏植物无法生存，而大多数观叶植物能较长时间适应环境，并且正常生长，不会大幅降低观赏价值。

2）观赏期长　观叶植物以叶片为观赏对象，因此观赏期长，一年四季只要有叶，均可观赏。

3）管理简便　观叶植物管理粗放，省工省时，适应当前紧张的生活节奏。

4）适合各种装饰需要　观叶植物种类繁多，姿态多样，大小齐全，风韵各异，能满足各种场合绿化装饰的需要。

（2）观叶植物的生态习性

由于观叶植物来源于世界各地，其原产地的环境有很大不同，因此它们的生态习性也各不相同，在栽培中要根据其特性来管理和应用。

1）对温度的要求　温度是观叶植物生长的重要环境条件，特别是冬季的最低温度，是观叶植物生长的限制因素，通常根据观叶植物对温度的不同可分为以下几种：

①高温观叶植物　这一类花卉对温度要求较高，冬季室内温度要保持10～15℃才能安全越冬，如香龙血树（巴西木）、花叶万年青、变叶木等。

②中温观叶植物　要求冬季有5～10℃的温度，如印度橡皮树、朱蕉、龟背竹、虎尾兰等。

③低温观叶植物　能耐0～5℃的低温，如肾蕨、苏铁、棕竹、吊兰、蜘蛛抱蛋等，可在一般室内越冬。

④耐寒观叶植物　能耐－5～0℃的低温，如万年青、洒金珊瑚、洋常春藤等，在南方可

露地越冬，但在较寒冷地区，仍需加以保护。

2）对光照的要求　植物的光合作用是其生长发育的基础，每种植物都有一个最适合进行光合作用的光照强度，根据对光照强度的需求程度，可分为强耐阴、耐阴、半耐阴和不耐阴（阳性）4类。在光照强度140～1 900 lx的室内环境下，强耐阴观叶植物可放置50天以上，如香龙血树、棕竹、蜘蛛抱蛋等；耐阴观叶植物可放置30～50天，如八角金盘、酒金珊瑚、印度橡皮树、花叶荨麻等；半耐阴观叶植物可放置10～30天，如朱蕉、秋海棠、花叶水竹草、紫萼等；不耐阴（阳性）观叶植物只摆放数天即开始枯黄落叶，如变叶木、彩叶草、金脉单花等。

光照不仅关系到观叶植物的生长发育，而且对叶片的大小、色泽和质地都有直接的影响。阳性观叶植物如变叶木、彩叶草等只有在充足的阳光下才能使叶色鲜艳夺目，而一些喜阴观叶植物在较弱的光照下才能生长良好，产生较高的观赏价值。在室内绿化装饰中应尽量选用耐阴性强的种类和品种，可以延长观赏时间，减少调换次数。

3）对水分的要求　通常按观叶植物对水分的需要量及适应能力分为以下几种：

①湿生植物　这类观叶植物喜欢潮湿环境，适宜在土壤水分充足的环境中生存，甚至可以在水中生长，如龟背竹、绿萝、伞草等；而有些则喜欢空气湿度大，如西瓜皮椒草、秋海棠、天鹅绒竹芋等。

②中生植物　喜欢湿润环境，但忌水分过多，在土壤过分干燥或潮湿时均生长不良，大部分观叶植物属于此类。

③旱生植物　这类观叶植物性喜欢干燥的环境，在土壤含水量少、空气湿度低的环境中生长良好，如景天科植物、仙人掌科植物及龙舌兰、虎尾兰、芦荟等。这类植物不需要经常浇水，如浇水过多，或空气湿度过大，反而会引起病害和烂根。

（3）繁殖方法

观叶植物的繁殖同样采用播种繁殖和无性繁殖。

1）播种　由于大多数观叶植物原产热带和南亚热带地区，因而种子的发芽温度较高，宜在3—5月进行，如有温室条件则可提早播种，适宜的发芽温度一般为15～25℃。大多采用盆播法，大粒种子用点播，小粒种子用撒播。幼苗长出两张真叶时移栽。

2）无性繁殖　可采用的方法有扦插、分株、压条等。

①扦插　观叶植物主要采用叶插和茎插两种。如秋海棠属植物常用叶片繁殖（见图4—3）。茎插法操作简便，在观叶植物生产中占有重要地位。一般在植物生长期内进行，但如有调温设施，一年四季均可进行。对某些叶片有色斑的品种如花叶水竹草、银边洋常春藤等，应选择品种特征明显的枝条扦插。

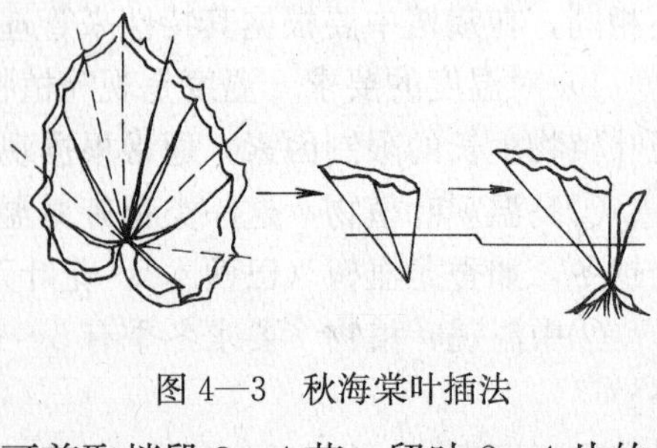
图4—3　秋海棠叶插法

草本植物如花叶荨麻、紫鹅绒、银脉单药花等，可剪取梢段3～4节，留叶2～4片的枝条为插穗；朱蕉、千年木、花叶万年青等植物既可用带叶的梢段扦插，也可用不带叶的茎段扦插（见图4—4）；常春藤、绿萝、喜林芋等蔓性植物，只要茎上有叶，不论梢段或中下段均可扦插；龟甲冬青、金边胡颓子等木本观叶植物，插穗下端应略带少量去年生枝条，即带踵插；一些剪口流乳汁的植物，如一品红、橡皮树、花叶榕、变叶木等，应将乳汁洗净后再扦插。

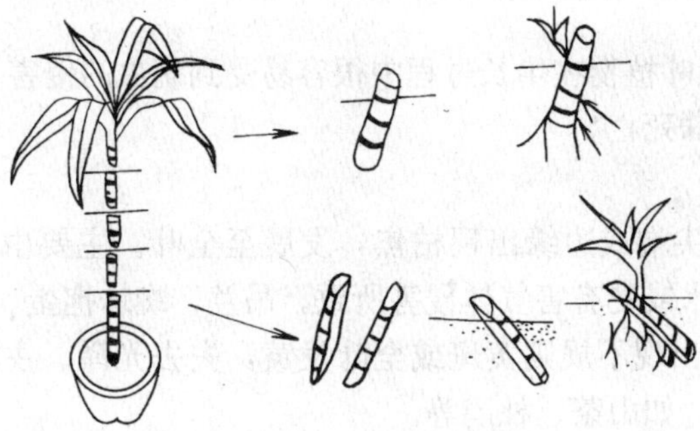

图 4—4　朱蕉茎插

多数观叶植物以现剪现插为好，并尽力保持插穗的新鲜和活力，但翡翠景天、仙人掌等多浆植物的插穗在剪取后应放置数小时或更长时间，待剪口干燥形成薄膜时再插。

为了加快插穗生根和增加生根数，对一些较难生根的木本观叶植物，可用对生根有促进作用的植物生长激素处理插穗。

②分株　许多观叶植物适宜用分株繁殖，一般木本观叶植物在早春发芽前进行，大部分草本观叶植物则在 4—5 月间分株更好，此时气温回暖，新叶萌发，更有利于新根的发生和恢复生长。

③压条　用压条法繁殖安全可靠，凡扦插、嫁接不易成活或种源稀少、品种名贵的观叶植物，可用此法繁殖。

(4) 栽培管理

1) 越冬管理　观叶植物大部分原产于热带和南亚热带地区，耐寒性不强，因此，如何使观叶植物安全越冬，是栽培中一个极为重要的问题。在栽培技术方面，可以在晚秋施以较多的磷、钾肥，增强植物的抗寒能力。入冬后，应尽量使盆土保持略为干燥的状态，使植物的新陈代谢减慢，有利于越冬。此外，可采用套袋法、加温法等对畏寒的观叶植物进行人工保护。

2) 越夏管理　越夏是指植物度过夏季高温期的过程。由于夏季阳光强烈，温度高，空气干燥，对许多观叶植物特别是阴性观叶植物造成生理上的不适。强烈的阳光直射时使植物发生灼伤、焦枯甚至全株死亡；高温使植物生长受阻或停止生长；干燥的空气使叶片干枯、叶尖枯焦。因此，需要采取以下措施：

①遮阴　除特别喜阳的观叶植物如变叶木、彩叶草等种类外，绝大部分观叶植物在夏季应进行适当的遮阴。主要采用的遮阴材料有芦帘、竹帘、遮光网等。遮光网用尼龙制成，具有质地轻、清洁、无菌、操作方便等优点，遮光度有 50%、60%、70%等不同规格，可按植物需要任意选用。

②喷水降温　在炎热的夏季，除早晚盆土需浇水外，白天可向空间和植株周围喷水数

次，以降低气温和增加空气湿度，为观叶植物的生长创造适宜的小环境；室内摆放的观叶植物，可采用水碟法或水苔法维持植株附近的湿度。水碟法是将植株放置在盛水的盆碟上，植株用石子垫起，使之与水分离。水苔法是将植株放在较大的套盆内，周围和盆面用湿苔藓填充，使水分慢慢蒸发。

3）病虫害防治　观叶植物在生长过程中很容易受到病虫的侵害，使受害植株生长衰弱，观赏价值降低，甚至全株死亡。

①生理性病害

a. 叶枯焦病。叶片尖端或边缘出现枯焦，发展至全叶。主要由空气湿度不足、阳光过强、气温过高、盆土失水或受有害气体侵害所致。吊兰、蜘蛛抱蛋、秋海棠等易发生此病。

b. 叶黄化病。叶片出现不规则黄斑或全叶发黄，失去光泽。主要由于土壤酸碱度不适或缺铁、硫等元素所致，如山茶、杜鹃等。

c. 斑叶返绿病。一些有彩色斑纹的观叶植物失去原有彩色和斑纹而变成全绿色的现象，如嵌玉紫萼、银边鸢尾、洋常春藤等。主要原因是光照不足或施用过量氮肥。

②病原性病害

a. 炭疽病。危害西瓜皮椒草、虎耳草、洋常春藤、蜘蛛抱蛋等；

b. 软腐病。危害椒草、秋海棠、仙人掌等；

c. 叶斑病。主要危害秋海棠、蜘蛛抱蛋、香龙血树、龟背竹、兰花等。

③主要的虫害

a. 蚜虫。危害多种观叶植物，如鹅掌柴、银脉单药花、紫鹅绒等；

b. 红蜘蛛。危害朱蕉、袖珍椰子、竹芋、八角金盘等；

c. 介壳虫类。种类较多，危害多种观叶植物。

具体的防治方法详见以后章节。

4.4　常用切花栽培与生产

（1）切花的分类

切花花卉通常是指供切取包括花朵在内的植物体的一部分，用于插花或制作花束、花篮、花圈等花卉装饰的一类花卉。按所取材料不同分为 3 类。

1）切花类　主要切取开花枝上市。如月季、菊花、香石竹、鹤望兰、非洲菊等。

2）切叶类　多取常绿植物的叶片，如苏铁、散尾葵、天门冬等。

3）切枝类　切取无花的枝条，在东方式插花中常用，如松枝、竹枝、常春藤等。

（2）切花的栽培与生产

切花生产选用品种要求与栽培技术均不同于盆栽花卉。它的栽培管理措施接近于农作物，但比大田农作物精细。

1）品种选择　切花花枝的质量、产量在一定程度上受品种本身遗传性的支配。而遗传性的表现，在很大程度上与环境条件有密切关系。生产栽培区要结合本地区的主要气候环境因子，选择更适宜当地生长的品种。以上海栽培香石竹为例，上海具有晚冬、早春寒冷和夏末秋初燥热的特点，选择的标准如下：

①生长快，抗病性强，耐寒，产量高的冬季开花型品种。

②在高温与长日照条件下表现抗病性强，分枝性好，裂苞少，茎秆挺直高产的夏季开花品种群。

③在生产中，结合消费的需要，作花色的适当比例搭配，如红、白、粉 3 色各占 30%，黄、橙与斑杂色共占 10%。由于白色易于染色，也可将白花品种提高到 50%，以达到周年供应香石竹鲜切花的目的。

2）土壤准备

①土壤消毒　土壤消毒对于保护地栽培切花来说，显得更重要。国外常采用蒸汽消毒。其优点是消毒彻底，时间短，只需要温度下降后即可种植；对附近植物无害，无残留物，能够改进土壤团粒，促进难溶性盐类的可溶性，使土壤理化性质得以改善。蒸汽消毒一次性设施投入成本较高，国内很少采用。消毒方法以药剂为主。常用的方法有：

a. 福尔马林消毒。用市售的福尔马林（即 40%的甲醛）配成 1∶50 或 1∶100 的溶液泼浇土壤，用量 25 kg/m^3。泼浇后用薄膜覆盖 3～6 天，再晾 10～14 天，即可种植。福尔马林对眼睛具有刺激作用，操作时最好戴防风眼镜或用竹竿与浇水管扎在一起，人握竹竿的另一头，远离出水皮管口。

b. 氯化苦消毒。氯化苦是一种高效、剧毒的熏蒸剂，既可杀虫、灭鼠，又可杀菌和防治线虫。使用时，在每平方米的面积内，打 25 个深约 20 cm 的小穴，每穴相距 20 cm，用玻璃漏斗插入穴内，每穴灌药液 5 mL，每平方米共 125 mL。施药后，立即覆盖土穴、踏实，并在土壤表面泼水，延缓药液挥发，以提高药效。气温在 20℃时保持 10 天，15℃以上保持 15 天。氯化苦有剧毒，使用时要戴防毒面具和橡皮手套。

无论是用福尔马林还是氯化苦熏蒸消毒，都要多次翻耕处理后的土壤，使土壤中残留的药剂充分散失、挥发，以免影响植物根系发育。除了用药剂消毒，要充分利用空闲季节，让雨水充分淋洗土壤，或用水淹没土层，有利于减少病虫害和降低土壤盐分。

②整地作畦　整地作畦的目的在于改良土壤的物理结构，使其具有良好的通气和透水条件，有利于微生物的活动，从而加速有机肥料的分解和被吸收。同时，可以清除杂草，消灭病菌、虫卵等。

整地一般在倒茬后、定植前的空闲时间进行。耕翻的深度依切花种类不同而定，一、二年生草花，因根系较浅，耕翻深度一般约 20 cm；球根宿根类 30～40 cm；栽种一些木本花卉，一般多挖穴或开沟种植，可根据苗木大小来确定挖穴开沟的深度。

整地必须在土壤干湿适宜时进行，因为过湿破坏了土壤结构，使物理性质变化而形成硬块；过干则不易敲碎，费时费力。

作畦方式以不同地区地势及切花种类不同而有差别。高畦用于南方多雨低平地区，畦面高出地面，便于排水，畦面两侧为排水沟；北方地区因雨水少常用低洼，畦面两侧畦埂高出，以保留雨水便于灌溉。畦条走向多为南北向，而一些球根类往往采用东西向，更有利于根际覆土与日常管理。畦面宽度主要考虑栽培管理者能站在畦沟上进行农事操作，大棚栽培还要考虑冬季两层薄膜保暖的方便。

3）起苗与定植

①起苗　把花苗从苗床中取出，称为起苗。起苗的时间依据切花的种类而不同，总的要求是越早、越小、越省工。缓苗比较容易，成活率也高。但是苗太小管理很困难，因为苗小抵御外界环境的能力弱，最好是新发根长到 2～3 cm，新长的心叶有 1～2 片时起苗最合适。如起带土的苗，起苗应在土壤潮湿的情况下进行，可在起苗前一天浇水。带土的苗不能放在烈日下暴晒，需在土块未干前定植。

②定植　定植是指小苗最后一次移植在固定地方，以后不再移动。

定植的株行距要根据不同花卉的后期生长情况来定，种植时不宜过深。定植后第一次的定根水是否浇好，对成活率、发棵的快慢有很大影响。水要以刚浇透为宜，使根系既与土壤密接，又能得到水分。但水又不宜过多，水如过多，土层内氧气减少，不利于发新根，浇水的水流宜细不宜大，如果一开始浇得很猛，易使表面冲刷形成泥浆层，反而不易浇透。一般可采用在定植前一天将土壤浇一次水，让土壤吸足水分，第二天种植时再修整一下畦面，此时土壤含水量比较适中，土壤也比较疏松，定植后只需用细水流轻轻地浇过苗，就能达到定根水的目的。此法不易造成土壤板结，小苗发棵较快。

4）植株整枝　植株整枝是切花生产过程中技术性很强的措施，包括摘心、除芽、除蕾、修剪枝条等。

通过整枝可以控制植株的高度，除去多余的枝条、花叶，改进通风透光条件，减少对养分的消耗，提高开花质量。也可作为控制花期或使植株第二次开花的技术措施。整枝不能孤立进行，必须根据植株本身的长势及肥水等其他管理措施相配合，才能达到目的。

此外，还要注意一些切花需要支缚，即用网、竹竿等物支缚住切花，保证切花茎挺直、不弯曲、不倒伏。如香石竹、菊花等，生产上常用尼龙网格作为支撑物。当香石竹摘心后，侧枝开始生长，整个植株就张开，为避免外面的侧枝弯曲而妨碍开花，要提前张网，使茎正常发育。当苗高距畦面 15 cm 时，张第一张网，以后随着茎的生长而张第二、第三、第四、第五层网，网层之间相距 25 cm。张网时需要每隔 3 m^2 距离立一根桩子，用以缚扎尼龙网，使尼龙网绷紧不松弛。

5）中耕除草　中耕除草可疏松表土，增加土壤的通透性，增加土温，减少水分蒸发，促进土壤中养分的分解，为切花生长和养分吸收创造良好的条件。在雨后或灌溉之后，没有杂草的情况下也要进行中耕。

幼苗期间，中耕应浅，随着苗的生长而逐渐加深；株行中间处中耕应深，近植株处应浅。当幼苗渐大，根系已扩大于株间时中耕应停止，否则根系易断，造成生长受阻碍。

除草可以避免杂草和切花争夺土壤中的养分、水分和阳光，故应在杂草发生之初尽早进行。切花的除草比较费工，可以使用除草剂，但浓度一定要严格掌握，如 2，4－D 用 0.5%～1.0%的稀释液，每1 000 m^2用量 0.075～0.3 kg，可消灭双子叶杂草；2，4，5－J 用 0.1%～1.0%的浓度在田间喷粉，或与肥料混合后施入土壤中，可消灭一般杂草的幼苗，每1 000 m^2用量 0.38～0.75 kg。

6）灌溉与施肥

①灌溉　切花栽培的好坏，很大程度上取决于水分管理是否得当。灌溉是一项经常性的

工作，所耗劳力较多，技术性较强，需要在实践中不断积累经验。灌溉需要灵活掌握以下原则：

a. 根据不同切花的特性用水。俗话说“干兰湿菊”，说明这两种植物对水分的要求不同。兰为阴性植物，空气湿度要高，而根际的湿度又不宜太大；菊花喜阳光，不耐干旱，要求土壤湿润而忌积水。由此可见，种花浇水需要看对象，只有掌握了花卉的特性，并给予适量灌溉，才能收到理想的效果。

b. 根据不同生育期用水。同一品种的切花在各个生长发育时期对水分的需求量是不同的。植株幼小时，水的消耗以土壤蒸发量为主；生长繁茂时则以植物吸水、蒸腾为主。因此幼苗灌溉要次多量少，而壮苗期植株生长迅速，生理活动中对水分需求大，开花期要适当控制水分，以促进早开花和提高切花品质。

c. 注意水质、水温。灌溉最好用含矿物质少的雨水、河水、池水等，若使用自来水，需要放置 24 h 后使用。水的温度最好接近土壤温度。

d. 根据不同季节用水。春季雨水多，蒸腾耗水少，可少灌水；夏季要多灌水；立秋后应该控制水分。在保护地栽培中，冬季两层薄膜内，湿度很大，往往错误地认为不必浇水，其实只是土壤的表层湿润，土壤的中下层比较干，若仅靠薄膜内汽化形成的雾滴水不能满足根系的需水量，因此也应该适当浇水。如温室栽培的切花菊，冬季水分的消耗仅为夏季的 1/3，为春、秋季的 1/2。

e. 干透浇足。一般在土壤表土发白、地表 5～10 cm 处都干透了再浇水，浇时则浇足，不宜半干半湿或过干过湿。浇水时最好用细水流，第一轮少浇些，浇到畦头再回到原处重复浇一次，使水慢慢渗透，可减少土壤板结，避免泥浆溅污叶片或浇湿花蕾等。

②施肥　根据切花对肥料的需要可分为多肥、中肥和少肥 3 种。如香石竹、一品红为多肥，月季、郁金香为中肥，洋兰为少肥。通常生长季节每隔 7～10 天施一次肥。保护地施肥要按切花生长必要养分的最小限度来施用，可以减少盐类的集积。选择副成分低、残留量少的肥料，如磷酸铵、硝酸铵、硝酸钾等；选择肥效长的肥料，如腐熟有机肥、缓效肥、混合肥等。

准确施肥还取决于气候、土壤以及管理水平。要掌握“薄肥勤施”原则，切忌施浓肥。

7）植物生长调节剂的应用　植物的生长、发育和繁殖，除了受遗传因素的控制和栽培技术的影响外，还受植物体内含量很少的植物激素的控制。

植物激素可分为生长素、赤霉素、细胞分裂素、脱落酸和乙烯 5 大类。随着科学技术的发展，采用化学方法研制和生产出各种人工合成的植物激素或称植物生长调节剂已越来越多应用于切花生产。如切花菊前期为促进茎的伸长，增加植株高度，可用赤霉素（GA_3）进行处理，顶花蕾现蕾后可用比久（B_9）喷施顶部（或涂抹），使花颈不伸长，获得更好的商品价值。用赤霉素（GA_3）200×10^{-6}浓度处理满天星，可以促进当年开花；用 50×10^{-6} 喷非洲菊，可促其提前采花。用萘乙酸、吲哚乙酸、吲哚丁酸、生长素促进枝条生根，已被广泛应用于切花的扦插繁殖中。2，4—D 可以防止百合消蕾，切花生长期喷“丰产素”“爱农”，可以促进切花生长，增加抗性，改善品质，提高切花产量。

植物生长调节物质只在切花生长发育的某一时期和在一定环境条件下起一些调节和控制

的作用，从而加速或延续某种生理过程，一旦使用不当，就会产生药害或起完全相反的作用。因此，在选用时一定要注意各种调节剂对切花的作用特点，选择合适的时间、浓度与方法，才能达到预期效果。

（3）采收及采后处理

1）采收　为了使切花保持更长的花期及较好的品质，采收时应注意以下几点：

①适宜的采收时间　尽量在清晨或傍晚采收，因为清晨气温最低，呼吸最弱，而傍晚花茎内养分含量是一天中最高的。并且此时植株内水分含量也较高，有利于切花保鲜。要避免在正午或午后采收。如果切花采收后直接放在含糖的保鲜液中，则一天中何时切割都可以。

②适合的采收期　一些切花常在花苞期切割，如香石竹、唐菖蒲、郁金香、金鱼草、菊花、切花月季等。这种在正常的商业采收期之前采收的措施可以缩短切花生长期，使切花少受损伤，少占空间、耐运输、延长切花寿命，从而降低生产成本。如切花菊的采收在早春及晚秋季节，温度较低时，一般当花开四至五成时剪切；夏季温度较高时，花开一至三成时剪切；远途运输的在花开一成，即有 1 片舌状花外展时剪切。而兰花、大丽花等必须在花朵开放后采收。表 4—1 是一些常见的切花植物适宜采收的时期。

表 4—1　　常见的切花适宜采收的时期

植物名称	发育阶段	植物名称	发育阶段
卡特兰属	花朵开放 3～4 天后	唐菖蒲	1～5 个花蕾显现色泽
一品红	充分成熟	德国鸢尾	花蕾显色
小苍兰属	第一花蕾开始开放	荷兰鸢尾	花蕾显色
香石竹（标准种）	花朵半开	月季红色系	两片花瓣开始展开
香石竹（小花枝种）	2 朵花充分开放	鹤望兰	第一朵小花开放
蛇鞭菊	花序 1/2 小花开放	郁金香	花蕾半着色
百合属	花蕾显色	马蹄莲属	佛焰苞刚向下转前
满天星	花朵开放	百日草	花朵充分开放
勿忘我	花序 1/2 小花开放	洋翠雀	花序 1/2 小花开放
栀子花	花朵几乎充分开放	芍药属	花蕾显色
非洲菊	外围花可见花粉	天蓝绣球	花序 1/2 小花开放
萱草属	花朵半开	兜兰属	花朵开放后 3～4 天
朱顶红属	花蕾显色	蝶兰属	花朵开放后 3～4 天
向日葵	花朵充分开放	安祖花（红掌）	佛焰苞几乎充分发育

③正确的采切方法　用锋利的刀剪把花茎从母株上切割下来。剪截时应形成一斜面，以增加花茎吸水面积，这对吸水只能通过切口来进行的木质茎类切花尤为重要。剪口应当光滑，避免压破茎部，否则会引起含糖的汁液渗出，有利于微生物浸染，并导致茎的堵塞。

切枝长度要满足相应的商业标准，如切花菊的适宜长度为 50～120 cm，香石竹的适宜长度为 25～60 cm。切割的部位应选择靠近基部而花茎木质化程度适度的地方。要注意一些切花种（如一品红等）会在切口处流出乳汁液，乳汁液在切口凝固后会影响水分吸收。可在每一次剪截花茎后，立即把茎端插入 85～90℃烫水中浸渍几秒钟。

2）采后处理 切花采后处理主要是为了保鲜，即延长切花的“货架寿命”，包括采后预处理、储藏、运输。以切花月季为例，采后处理主要有以下工作：

①采后的花枝应立即从暖温室中转移到分级室尽快于 5～6℃下冷藏。若在田间，可将切下花枝下部 20～25 cm 直接插到与室温一致的水中，以降低田间热度影响。为了延长储藏期，装运前可将冷却的花枝放在气密容器中（空气不易穿透的容器），可在 1℃条件下存放 2 周。

②切花月季分级基本上以花茎长度的不同来处理，即特级 40 cm 以上，一级 35～40 cm，二级 30～35 cm，三级 25～30 cm，连同花朵（蕾）长，每级应加 7 cm。清除收获过程中的脏物和废弃物，丢掉损伤、腐烂、病虫感染和畸形的产品。

③每束 25 支，将花头排列放在同一平面上，用薄塑料小袋将花头罩上保护好。

④分级后的花束重新放回冷藏库中，并将花枝及茎浸在保鲜液中。

⑤保鲜处理。保鲜液为：糖 3.5%加青鲜素 $2\,500\times10^{-6}$ 加硫酸铝 100×10^{-6} 加柠檬酸 $1\,000\times10^{-6}$ 加硫酰合联氨 100×10^{-6}。花枝在保鲜液中维持 3～4 h 或更长些。干存的花枝在装运前，应该重新剪去茎基部，并在保鲜液中浸吸 4～6 h。每次使用的容器都必须是清洁的。

（4）包装运输

包装的作用是保护切花产品免受机械损伤、水分丧失、环境条件急剧变化和其他有害影响，以便在运输和上市过程中保持产品的质量。同时，包装有封闭和搬运工具的作用。

常用的包装材料有纤维板箱、木箱、加固胶合板箱、板条箱、纸箱、塑料袋、泡沫箱等。每一容器内只放置一种尺寸的花卉材料，成熟度一致，在容器外标明种类、品种、等级、大小、重量、数量等。

根据切花大小或购买者的要求，切花以 10 枝、12 枝、15 枝或更多捆扎，花束捆扎不能太紧，以防受伤和孳生霉菌。切花束可用耐湿纸、湿报纸或塑料套包裹。应小心地把切花分层交替放置在包装箱内，直至放满，但又不会压伤切花。各层之间放纸衬垫。为保护一些名贵切花，包装箱里面可用细刨花、泡沫塑料、软纸等作为包装内填充物，防止产品碰伤和擦伤。月季切花包装箱常放置冰袋以降温，也可用“湿”包装，即在箱底固定放保鲜液的容器，切花垂直插入。采用湿包装的切花还有非洲菊、丝石竹、百合、兰花等。一些切花包装和储运均需垂直放置，以防止重力引起的头部弯曲，如水仙、唐菖蒲、小苍兰、金鱼草等。

4.5 花卉植物病虫害及防治

（1）昆虫的形态及生活史

昆虫是动物界中种类最多，分布最广，适应性最强，群体数量最大的类群，现存的昆虫种类超过1 000万种，在害虫防治实践中，要掌握昆虫的形态特征及其生长发育规律，正确识别益虫与害虫，以进一步控制和利用昆虫。

1）昆虫成虫的共同特征 昆虫属于节肢动物门的昆虫纲。其外部形态变化较大，昆虫因种类的不同，它们的身体构造差别很大，但基本构造是一致的。昆虫纲成虫的共同特征是：身体分头、胸、腹 3 个体段。头部有口器和 1 对触角，通常还有 2～3 个单眼和 1 对复眼；胸部由 3 节构成，生有 3 对分节的足，大部分种类有 2 对翅；腹部一般由 9～11 个体节组成，末端生有外生殖器，有的还有 1 对尾须，如图 4—5 所示。

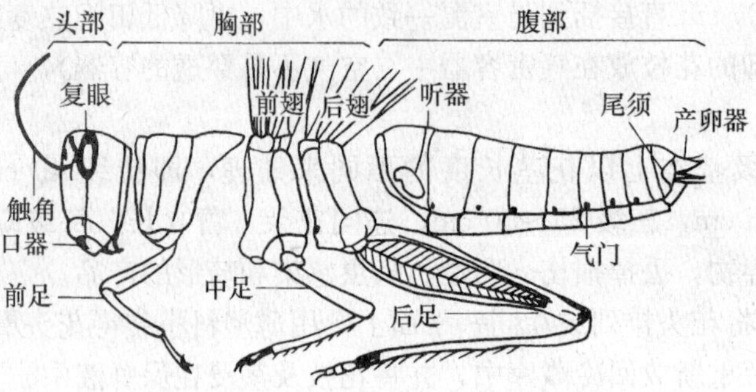

图 4—5　蝗虫体躯侧面观

①昆虫的头部及附器　头部是昆虫体躯最前面的一个体段，由几个体节愈合而成，形成一个坚硬的头壳，并以可收缩的颈与胸部相连。

头部一般呈圆形或椭圆形。在头壳的形成过程中，由于体壁的内陷，表面形成许多沟缝，将头壳分成许多小区，这些小区都有一定的位置和名称，是昆虫分类的重要依据。触角、复眼、单眼等感觉器官和取食的口器着生在头壳上。因此，昆虫的头部是感觉和取食的中心。

头部的附器包括：

a. 触角。昆虫除少数种类外，头部都具有一对触角，着生于额的两侧，其上生有各种感觉器官，具有触觉和嗅觉的功能，以利于寻找食物和配偶，触角是昆虫接收信息的主要器官。蜜蜂雄蜂每根触角上有30 000个感觉器。舞毒蛾凭借触角上的感觉器，可以在方圆 1～4 km 内准确找到待交配的雌蛾。

触角由许多环节组成，基部一节称柄节，第二节称梗节，这两节内部都有肌肉着生，以后许多节内部均无肌肉着生，总称为鞭节。触角的形状，因昆虫的种类和性别不同而异，常作为识别昆虫种类的主要依据。常见的昆虫触角有以下几种类型，如图 4—6 所示。

（a）刚毛状。触角很短，基部 1、2 节粗大，鞭节纤细，似刚毛。如蝉、蜻蜓等。

（b）丝状。触角细长如丝，除基部 1、2 节稍大外，其他各节的大小和形状基本相同。如蝗虫、蟋蟀等。

（c）念珠状。鞭节各亚节大小相似，形似小珠。如白蚁、吸浆虫等。

（d）锯齿状。鞭节各节的上角向一边伸出，似锯齿。如叩头甲等。

（e）栉齿状。鞭节各节向一侧作细枝状伸出，形似梳齿。如雄性绿豆象等。

（f）球杆状。触角基部各节细长，末端数节逐渐膨大，似棒球杆。如蝶类等。

（g）锤状。触角较短，末端数节突然膨大，似锤。如小蠹甲等。

（h）羽毛状。鞭节各节向两侧作细枝状突出，形似鸟羽。如蚕蛾等。

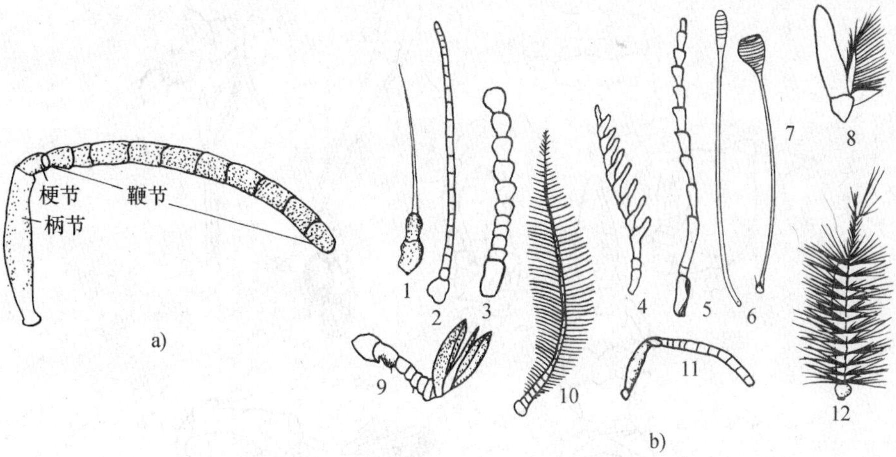

图 4—6　昆虫的触角结构和类型

a）触角的基本结构　b）触角的类型

1—刚毛状　2—丝状　3—念珠状　4—栉节状　5—锯齿状　6—球杆状　7—锤状　8—具芒状　9—鳃片状　10—羽毛状　11—膝状　12—环毛状

(i) 鳃叶状。触角基部各节正常，末端数节扩展成薄片状，叠合在一起，似鱼鳃。如金龟甲等。

(j) 膝状。柄节细长，梗节短小，柄节与鞭节之间形成膝状或肘状弯曲。如象甲等。

(k) 剑状。触角各节扁平，向上逐渐尖细，似剑。如负蝗（蚱蜢）等。

(l) 具芒状。触角短，一般 3 节，末端一节特别膨大，上生 1 根刚毛状物，称触角芒，如蝇类等。

(m) 环毛状。触角除基部两节外，其余各节环生细毛，如雄性蚊类等。

b. 眼。眼是昆虫的视觉器官，在栖息、取食、繁殖、避敌、决定行为方向等各种活动中起着重要的作用。昆虫的眼分为复眼和单眼。

(a) 复眼位于头的两侧上方，由许多小眼集合而成，是昆虫的主要视觉器官。复眼中的小眼一般呈六角形，其形状、大小、数目在各种昆虫中差异很大。一般复眼越大，小眼数目越多，视觉也越清晰。如蜻蜓的复眼是由10 000～28 000个小眼组成，在蝇类和蜂类昆虫中，雄性的复眼常较雌性为大，这种差别常可以区分两性。

(b) 单眼分背单眼和侧单眼两类。背单眼为一般成虫和不完全变态的幼虫所具有，与复眼同时存在，着生于额区上方两复眼之间，一般 3 个，排列成倒三角形，有时 1 或 2 个。侧单眼为完全变态昆虫的幼虫所具有，位于头部两侧的下缘，一般为 1～7 对。背单眼、侧单眼的数目、位置或排列可作为分类特征。如叶蜂幼虫侧单眼仅 1 对，鞘翅目幼虫一般 2～6 对，有 6 对时排成两行，鳞翅目幼虫多数具 6 对，常排列成弧形。单眼只能分辨光线的强弱和方向，不能看清物体本身的形状。

c. 口器。口器是昆虫的取食器官，由于昆虫的种类、食性和取食方式不同，它们的口器在外形和构造上有各种不同的特征，形成不同的口器类型，如图 4—7 所示。

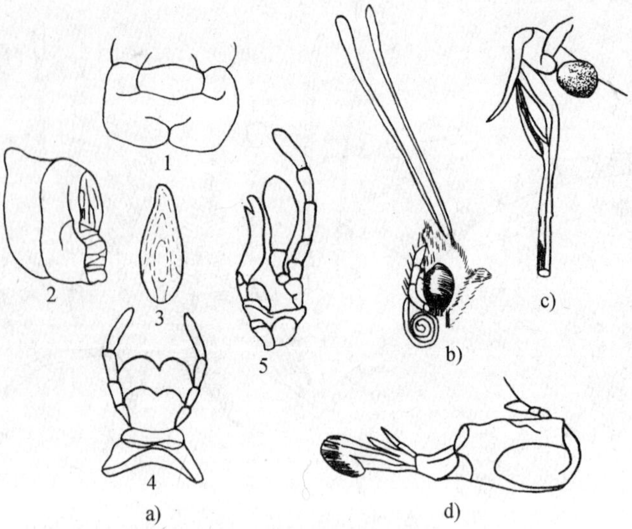

图 4—7　昆虫的口器

a）咀嚼式口器　b）虹吸式口器　c）刺吸式口器　d）吮吸式口器

1—上唇　2—上颚　3—舌　4—下唇　5—下颚

（a）咀嚼式口器是昆虫中最基本而原始的口器类型，其他口器类型均是由此演化而成的。咀嚼式口器适于取食固体食物，如蝗虫、甲虫、蝶蛾类幼虫等的口器。它包括上唇、上颚、下颚、下唇和舌 5 个部分。具有咀嚼式口器的害虫，一般食量较大，对植物造成的机械损伤明显。有的能把植物的叶片咬成缺刻或穿孔，啃食叶肉仅留下叶脉，甚至把叶全部吃光，如金龟子和一些鳞翅目的幼虫。有的在果实或枝干内部钻蛀隧道，取食危害，如各种果实的食心虫和危害枝干的天牛、吉丁虫等。有的是潜入叶片上下表皮之间或果树表皮下潜食叶肉或皮层，如苹果旋纹潜叶蛾、梨潜皮蛾等。有的是吐丝把叶片卷起来在其中取食危害，如各种卷叶虫等。

（b）刺吸式口器能刺入植物的组织内吸取血液或汁液，如蝽、蚜虫、介壳虫等。刺吸式口器的昆虫取食时，以喙接触植物表面，其上、下颚口针交替刺入植物组织内，吸取植物的汁液，造成病理的或生理的伤害，使被害植物呈现褪色的斑点、卷曲、皱缩、枯萎或畸形，或因部分组织受唾液的刺激，使细胞增生，形成膨大的虫瘿。多数刺吸式口器的昆虫还可以传播病害，如蚜虫、叶蝉、木虱等。

（c）锉吸式口器是蓟马类昆虫所特有的。其特点是上颚不对称，即右上颚高度退化或消失，口针是由左上颚和一对下颚特化而成，取食时先以左上颚锉破植物表皮，然后以头部向下的短喙吸吮汁液。

（d）虹吸式口器为蝶蛾类成虫的口器，适于取食植物的花蜜。特点是：上颚完全缺失，而下颚则十分发达，延长并互相嵌合成管状的喙，内部形成 1 个细长的食物道。喙不用时，卷曲在头部的下面，如钟表的发条状，取食时可伸到花中吸食花蜜和外露的果汁及其他液体。具这类口器的昆虫，除部分吸果夜蛾能危害果实外，一般不能造成危害。

了解昆虫口器的构造类型，不仅可以知道害虫的危害方式，而且对正确选用农药和合理施药有极为重要的意义。咀嚼式口器的昆虫将植物咬碎、吞入肠内进行消化吸收，因此主要选用胃毒剂来防治，也可施用触杀剂。刺吸式口器的昆虫只能吸食植物组织内的汁液，喷洒在植物表面无内吸性的胃毒剂不能进入其消化道，也就无法发挥药剂的毒力作用。因此，常选用内吸剂进行防治。对于虹吸式口器的昆虫，因其主要吸食花蜜或暴露在表面的液体食物，可将胃毒剂做成毒液或半流体的毒饵来诱杀。

②昆虫胸部及附器　胸部是昆虫的第二体段，是运动的中心，由 3 个体节组成，依次称为前胸、中胸和后胸。每个胸节各有 1 对胸足，依次称为前足、中足和后足。多数昆虫中胸和后胸还各有 1 对翅，分别称为前翅和后翅。具有翅的中后胸又称为具翅胸节或翅胸。昆虫胸部的每一个胸节都是由 4 块骨板构成的。背面的称为背板，左右两侧的称为侧板，下面的称为腹板。骨板又被若干沟划分成一些骨片，这些骨片也有自己的名称，常作为辨识种类的依据。

a. 昆虫的足。昆虫的足是胸部的附肢，着生在胸部每节两侧下方，依次为前足、中足和后足，由基节、转节、腿节、胫节、跗节、前跗节组成，如图 4—8 所示。昆虫的胸足大多用于行走，由于昆虫生活环境和生活方式的不同，足的构造和功能有很大变化，可以分为许多类型。如步行甲胸足细长，适于行走，称为步行足；蝗虫的后足腿节特别发达，胫节细长，适于跳跃，称为跳跃足；螳螂的前足基节特长，腿节粗扁，腹面具槽及刺，胫节纵扁有齿，与腿节相互嵌合成铡刀状，适于捕捉小型动物，称为捕捉足；蝼蛄前足的胫节扁宽有齿，适于掘土，称为开掘足；水生昆虫如龙虱的后足，扁如桨，生有较长的缘毛，适于划水，故称游泳足；蜜蜂的后足特化，适于收集花粉，称为携粉足。

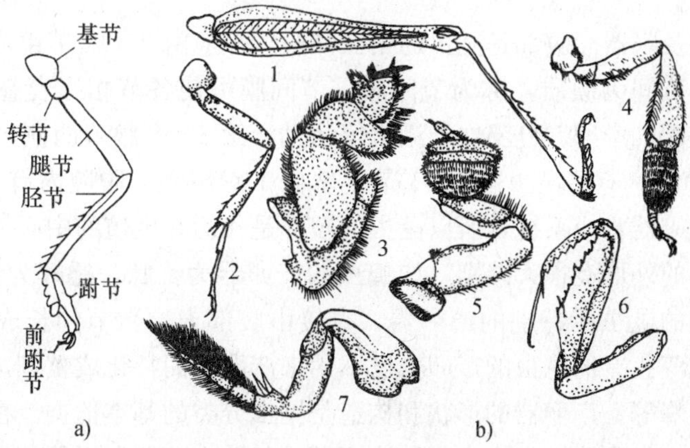

图 4—8　昆虫的足的结构和类型

a）足的结构　b）足的类型

1—跳跃足　2—步行足　3—开掘足　4—携粉足　5—抱握足　6—捕捉足　7—游泳足

b. 昆虫的翅。昆虫的成虫期一般有两对翅，着生在中胸的称前翅，着生在后胸的称后翅。少数种类只有一对翅，或完全无翅。

昆虫的翅多为三角形。多数昆虫的翅为膜质的薄片。昆虫翅的质地和形状多种多样，构成了不同类型的翅，如图 4—9 所示。如甲虫类的前翅硬化成角质状，起保护膜质后翅的作用，称为鞘翅；蝗虫的前翅革质化，覆盖在后翅上，称为复翅或革翅；蝽象类的前翅基半部硬化成革质，而端半部为膜质，故称为半鞘翅；蜂类的翅薄软透明，称膜翅；蛾蝶类的膜质翅面上满覆鳞片，称为鳞翅；蓟马类狭长膜质翅的边缘生有许多细小的缨毛，称为缨翅；蝇、蚊类的后翅退化成细小的棒状物，用以平衡飞行时的身体，称为平衡棒。翅的形状、脉序、质地是昆虫分类的重要依据。

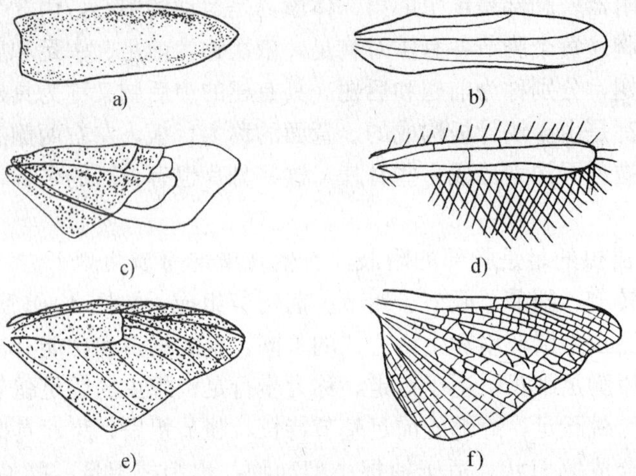

图 4—9　昆虫翅的类型

a）鞘翅　b）覆翅　c）半鞘翅　d）缨翅　e）鳞翅　f）膜翅

③昆虫的腹部及附器　腹部是昆虫的第三体段，一般由 9～11 节组成。各腹节的背板和腹板由侧膜相连，节间为膜质，称为节间膜，节间膜可使各节相互套叠。腹部能弯曲和伸缩，有利于昆虫交配、产卵、分泌性外激素等活动。第 1～8 腹节两侧，各有 1 对气门，第 8～9 节着生外生殖器，有些昆虫的第 11 节上着生 1 对尾须。腹腔内有消化、排泄、呼吸、神经、循环和生殖等器官或系统，所以昆虫的腹部是代谢和生殖的中心。各类昆虫产卵的环境不同，使产卵器的外形有很大差别。如蝗虫的产卵器为锥状，蟋蟀为矛刀状，蝉为剑状，姬蜂为针状等。有的昆虫无特别的产卵器，直接由腹部末端数节伸长成一细管来产卵，如蝶、蝇、蚊、甲虫等。有的昆虫的产卵器已不用来产卵，而特化成螫刺，用以自卫或麻醉猎获物，如胡蜂、蜜蜂等。产卵器的形状和构造是昆虫分类的基本依据。在有翅昆虫中，腹部一般无分节的附肢，仅在腹末具有由附肢演变而成的外生殖器和尾须。

④昆虫的体壁　昆虫的体壁构成了昆虫的躯壳，一般较硬，有着生肌肉、保持体形的作用，故有“外骨骼”之称。体壁能保护内脏，防止体内水分蒸发和外界有害物质及微生物的侵入。此外，体壁上着生的各种感觉器官，又是昆虫与外界取得联系的感觉面。体壁由表皮层、皮细胞层和底膜构成。昆虫体壁具有延展性、坚硬性和疏水性 3 种特性。在化学防治虫害中，破坏害虫体壁的理化性状，使杀虫剂渗入其体内，可以提高防治效果。

a. 体壁的衍生物。昆虫由于适应各种特殊需要，体壁常向外凸出或向内凹陷，形成各种衍生物。体壁的表面一些微细的凸起，常是由表皮外长或内陷形成的，如刻点、脊纹、小疣、小棘、微毛等。有些大型结构则是皮细胞向外凸出形成的，如刚毛、毒毛、感觉毛、刺、距、鳞片等。

b. 体壁的色彩。昆虫的体壁常具有各种颜色和花纹，这些都是外界的光波与昆虫体壁相互作用的结果。根据体色的性质可分为色素色、结构色和混合色。昆虫的体色大都属于混合色。

2）昆虫的繁殖和发育　昆虫是自然界中分布最广、种类最多、数量最大的动物类群，这与它的繁殖特点是分不开的，主要表现在繁殖方式的多样化，繁殖力强、生活史短和所需的营养少。常见的繁殖方式有两性生殖、孤雌生殖、多胚生殖、卵胎生等。

昆虫的个体发育分为两个阶段，第一阶段称为胚胎发育，第二阶段称为胚后发育。昆虫从幼虫孵化后一直到羽化为成虫的发育过程中，需要经过若干个形态变异，最常见的变态类型有不完全变态与完全变态，如图4—10所示。

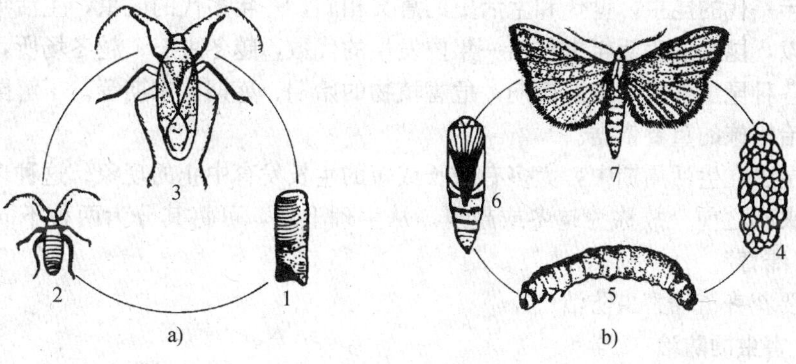

图4—10　昆虫变态类型

a）不完全变态（蝽）　b）完全变态（蛾）

1—产在植物组织内的卵　2—若虫　3—成虫　4—卵　5—幼虫　6—蛹　7—成虫

①不完全变态　昆虫在个体发育过程中，只经过卵、若虫、成虫3个虫态的变化。成虫的特征随着若虫的生长发育逐步显现，成虫与若虫形态上的差别不大，只是翅、性器官等的发育程度有些不同。蝗虫、蚜虫、叶蝉、飞虱等属此种变态类型。

②完全变态　昆虫的个体发育经过卵、幼虫、蛹、成虫4个虫态的变化，如蛾、蝶、蜂、蝇等。其幼虫与成虫在形态和生活习性上都有所不同，在幼虫变为成虫过程中，口器、触角、足等都需要重新分化。

昆虫离开母体后，要经过卵期，母体的产卵方式也不同，有散产、块产之分。卵孵化后进入幼虫期，由于各类幼虫的形态不同，按照幼虫足的多少，幼虫可分为多足型、寡足型和无足型3种类型。幼虫经过若干天的取食生长就会蜕皮，每蜕一次皮，昆虫就增加一龄，幼虫蜕去最后一次皮后，全变态的幼虫进入蛹期。幼虫化蛹后，根据蛹的形态常分为离蛹、被蛹和围蛹3种类型。全变态类蛹或不完全变态类若虫最后一次蜕皮后，变成成虫，成虫是昆虫生命的最后阶段，其主要任务是交配、产卵以繁衍其种族，所以成虫期是昆虫的繁殖时期。成虫羽化后，有些昆虫直接交尾产卵，有些昆虫还需要经补充营养才能繁殖后代。

昆虫自卵或幼体产下到成虫性成熟为止的个体发育周期，称为一个世代，简称一代。各种昆虫世代的长短和一年内所能完成的世代数不尽相同。有的一年1代或多代，有的则数年1代。昆虫世代的长短和当年内发生的世代数，除取决于昆虫本身的遗传特性外，还受环境条件的影响。一般南方气温高，世代历期短，一年发生的代数就多。北方气温低，世代历期长，一年发生的代数就较少。一年发生多代的昆虫，由于成虫发生期长和产卵先后不一，形成的后代个体生长发育不整齐，同一时期内，出现前代和后代混合发生，代界不明显的现象，称为世代重叠。昆虫世代的计算通常以卵为起点，按先后出现的次序称为第一代、第二代等。凡是上一年产卵，第二年才出现幼虫、蛹和成虫的一代不能叫做第一代，而是前一年的最后一个世代，称为越冬代。越冬代成虫产的卵称为第一代卵，发育为第一代幼虫，第一代蛹，第一代成虫。第一代成虫产的卵称为第二代卵，以此类推。

昆虫以当年越冬虫期开始活动到第二年越冬结束为止的发育过程，称为生活年史，简称生活史。一年一代的昆虫，世代和生活史的意义相同，一年多代的昆虫，生活年史就包括几个世代。所以，昆虫的生活年史包括一年内发生的代数，越冬虫态，越冬场所，越冬后开始活动时期，各种昆虫各代的虫态历期，危害植物的始期、盛期、末期等。了解昆虫的生活年史是制定防治措施的重要依据。

此外，昆虫在生活周期中，大多有或长或短的生长发育中止的现象。这种现象多发生在严冬或盛暑来临之前，故称为越冬或越夏。从生理上看，可将其分为两种不同的情况，即“休眠”和“滞育”。

（2）主要花卉植物害虫防治

1）食叶害虫的防治

①刺蛾防治方法

a. 结合整枝、修剪、除草和冬季清园、松土等，清除枝干上、杂草中的越冬虫体，破坏地下的蛹茧，以减少下一代的虫源。

b. 利用成蛾有趋光性的习性，可结合防治其他害虫，在成虫期，设诱虫灯诱杀成虫。

c. 对虫口密度较大的果园，在各代幼虫盛孵期，可用90%晶体敌百虫或80%敌敌畏800～1 000倍液喷洒，5%来福灵乳油3 000倍液，溴氰菊酯2.5%乳油3 000～8 000倍液喷雾，灭蛾灵800～1 000倍液等。或结合防治其他食叶害虫，实行兼治即可。

②蓑蛾防治方法

a. 冬季树木落叶后，越冬幼虫所结的袋囊显而易见，可结合修枝剪除袋囊。

b. 2.5%溴氰菊酯乳油5 000～10 000倍液喷雾，喷洒1亿孢子/mL青虫菌、杀螟杆菌和松毛虫杆菌。

c. 保护和利用蓑蛾瘤姬蜂、伞裙追寄蝇及病毒。

③蔷薇叶蜂防治方法

a. 在成虫产卵盛期及时剪除着卵枝梢，幼虫发生期及时捕捉幼虫。必要时于冬、春季在药用植物或花木附近挖茧，消灭越冬幼虫。

b. 幼虫发生期喷洒80%敌敌畏乳油1 000倍液或90%晶体敌百虫800～900倍液、50%

杀螟松乳油1 000倍液、50%辛硫磷乳油1 000～1 500倍液、20%菊·杀乳油2 000倍液、2.5%溴氰菊酪乳油2 000～2 500倍液。

2）刺吸植物汁液害虫的防治

①蚜虫类防治方法

a. 化学防治可选用10%吡虫啉3 000～5 000倍液；50%抗蚜威3 000～5 000倍液；2.5%功夫15～20 mL配水50 kg；10%高效氯氰菊酯5～10 mL配水50 kg；20%氰戊菊酯2 000～3 000倍液；2.5%敌杀死3 000～4 000倍液；甲氰菊酯20%乳油4 000～10 000倍稀释液喷雾。在药液中加入0.3%洗衣粉，可以提高防治效果（对梅和杏不宜使用，易产生药害）。

b. 保护和利用天敌。蚜虫的天敌种类很多，常见的有瓢虫、草蛉、食蚜蝇、蚜茧蜂、蚜小蜂等。

c. 温室及家庭养花可以利用色板诱杀。在观赏植物栽培地或温室花卉内可放置黄色粘胶板，诱粘有翅蚜虫。

②介壳虫类防治方法

a. 人工刷除雌介壳及其下的雌成虫，尤其是在雌成虫产卵前将其刷除，防治效果更佳。

b. 结合整形修剪，剪除虫害枝。

c. 在孵化盛期，可选用喷洒蚧螨灵100倍液，40%蚧克特乳油、40%速扑杀乳油、50%久效磷或菊酯类药剂1 000～1 500倍液，隔1周1次，共2～3次。此外，盆栽花卉可根据花盆的大小根施15%涕灭威颗粒剂（如内口径20 cm的花盆用1～3 g），防治效果也很好。

③红蜘蛛类防治方法

a. 保护利用天敌，天敌有食螨瓢虫、小花蝽、食虫盲蝽、草蛉、蓟马、隐翅甲、捕食螨等数十种。

b. 药剂防治的杀螨剂有：阿维菌素5 000～8 000倍液，50%溴螨酯乳油、50%托尔克可湿性粉剂、25%三环锡可湿性粉剂1 000～1 500倍液，5%尼索朗乳油或可湿性粉剂1 500～3 000倍液，73%克螨特乳油2 000～3 000倍液等。

④蓟马防治方法

a. 及时清除杂草，减少虫口数量。

b. 喷洒杀虫剂。可选用10%氯氰菊酯乳油2 000～3 000倍液、50%马拉硫磷乳油1 000倍液、40%乙酰甲胺磷乳油1 000倍液、1.8%爱福丁乳油3 000倍液、25%杀虫双水剂400倍液、10%吡虫啉（大功臣）可湿性粉剂4 000～5 000倍液等喷雾。

c. 埋施颗粒剂。施用15%涕灭威（铁灭克）颗粒剂时，盆径20 cm者用药2 g，花盆口径增大，施药量应适当增加。三点开穴，施药后覆土浇水。

3）蛀食性害虫的防治

①天牛类防治方法

a. 捕杀成虫。

b. 在卵期和幼虫孵化期喷洒50%久效磷2 000倍液，或50%磷胺乳剂2 000倍液等具有内吸性的药剂，毒杀初龄幼虫。

c. 成虫期可喷溴氰菊酯乳油4 000倍液，或 20％中西除虫菊酯（多虫畏）乳油2 000倍液等残效期较长及触杀性药剂，8％氯氰菊酯微胶囊剂（绿色威雷）300～500 倍液喷雾。

②吉丁虫类防治方法

a. 勿栽植带虫苗木，栽后加强养护管理。发现为害及时除治。受害严重将要枯死的树木，应更新伐除。

b. 于成虫羽化期向树冠上和干、枝上喷1 500～2 000倍液的 20％菊·杀乳油等杀死成虫。

c. 于 5 月成虫羽化前进行树干涂白，防止产卵。

d. 于幼虫初在树皮内为害时，往被害处涂煤油溴氰菊酯混合液（1∶1 混合）。

4）地下害虫的防治

①蛴螬防治方法　蛴螬是金龟子科昆虫的幼虫，防治蛴螬在其成虫阶段及金龟子成虫阶段与幼虫阶段均可进行。

a. 成虫盛发时，利用其假死性，震落捕杀，或利用其趋光性，傍晚进行灯光诱杀，也可喷施 50％马拉硫磷乳油或 75％辛硫磷乳油防治。

b. 在幼虫尚未化蛹或成虫未羽化出土之前，用 3％甲基异柳磷颗粒剂或 5％辛硫磷颗粒剂，或 5％地亚农颗粒剂，每亩 2.5～3 kg 处理土壤，有条件的也可用白僵菌进行土壤处理。

②蝼蛄防治方法　由于蝼蛄也是典型的地下害虫，可参照蛴螬的防治方法。

③地老虎防治方法

a. 幼虫为害期，喷施 50％辛硫磷乳剂1 500倍液防治，4 龄后应在傍晚前后施药。药剂可选用 5％锐劲特悬浮剂2 500倍液、2.5％天王星或 20％灭扫利乳油3 000倍液、35％顺丰 2 号乳油1 000倍液、5.7％百树菊酯乳油4 000倍液、10％吡虫啉可湿性粉剂2 500倍液、5％来福灵乳油2 000倍液、5％抑太保乳油2 000倍液、20％米满胶悬剂2 000倍液、4.5％高效顺反氯氰菊酯乳油3 000倍液等，7～10 天一次，连用 2～3 次。

b. 发生不严重时，可人工捕杀卵块和未扩散的初孵幼虫。

c. 利用该虫的趋光性和趋化性，用黑光灯或用糖醋液（糖∶醋∶水＝3∶1∶6）加少量敌百虫胃毒剂，诱杀成虫。

（3）植物病害的症状

植物病害是一系列病变过程，最终将导致植物产生肉眼可见的症状。症状由病症和病状组成，病状是植物全身或受侵染的局部所显露出来的种种病变，如变色、坏死、腐烂、萎蔫、畸形等。病症是病原物的繁殖体或营养体在病株或发病部位出现的肉眼可见的霉状物、小颗粒等。从病状可以联系和推测其内在的病变过程，病症经常暴露出病原物的类别，非侵染性病害没有病症，病毒病也没有病症。

1）病状

①叶斑　叶斑是指叶片局部组织（受侵组织）的坏死，可具多种大小、形状、色泽，每种叶斑病各有其特色，多数为真菌病害、细菌病害。南天竹红斑病如彩图 1 所示，紫荆角斑病如彩图 2 所示。

②褪绿、变色和花叶　叶绿素含量降低，叶片全部均匀或较均匀地变为黄色，则称为黄化。叶色浓绿、浅绿相间的称为花叶。病毒和类菌原质所致病害多呈黄化。而呈花叶病状者多半是病毒病。

③溃疡　溃疡是指发生在木本花卉枝秆上的一种病变组织，它多半已深达形成层，坏死部分四周有木栓增生包围圈，但以后病菌又突破包围圈向外扩展，再后又引起更外围的木栓增生包围圈，从而形成破裂粗糙的长期病灶，随季节而有发展和静止期。主要由真菌引起，但有少数细菌也能引起枝梢果实或块茎上的溃疡。

④萎蔫　萎蔫是植物维管束组织受害后，枝叶缺水而表现的萎蔫状态。一般不会因灌溉而恢复，多为全株性的。如香石竹枯萎病。有些根腐、茎腐或其他根茎病害也会导致全株性萎蔫。

⑤腐烂　腐烂是在植物组织坏死的同时伴随着组织结构的破坏。根据腐败组织的质地和颜色又表现为干腐、软腐、红腐、褐腐、黑腐、白腐等，如仙客来软腐病、梨红腐病等。植物幼苗基部腐烂后，迅速倒伏而死的称为猝倒，病苗死后立而不倒的称为立枯，如翠菊猝倒病、菊花立枯病等。

⑥畸形　畸形是指病害引起的植物器官各种形态的异常变化。植物生长特别细长的称为徒长；节间缩短，全株矮小的称为矮缩；分枝过多且纤细的称为丛枝，如泡桐丛枝病；根系过度分化生长则形成毛根，如苹果毛根病；局部组织或器官生长过度常形成肿瘤或叶瘿，如樱花细菌性根癌病、月季根癌病（见彩图3）；还有皱叶、扁枝、扭曲等都属于畸形。

⑦局部坏死和全株死亡　受侵染部位或植株的某些部分发生块状、条状或不规则的坏死，或植株病害急速扩大，幼苗猝倒或立枯，最后会使植株全株死亡。

2）病症

①溢脓　溢脓是植物细菌性病害所表现的特有病症。潮湿时，病部溢出含有细菌的脓状液体，呈液滴状或成为很薄的菌液层，干燥后变为污白色的胶粒或薄膜状，如鸢尾细菌性圆斑病。

②霉状物　霉状物是在植物病部产生的各种颜色、形状、结构及疏密不同的霉层。根据其质地和颜色分为霜霉、绵霉、灰霉、绿霉、赤霉、黑霉等。如月季花霜霉病。

③粉状物　粉状物直接生在植物表面，也有的产生在组织中，成熟后突破表皮而散出。白粉多在病株叶片正面产生大量白色粉末，构成典型的白粉病症状，如紫薇白粉病、十大功劳白粉病；锈粉在植物病部产生许多斑块，破裂后散出大量铁锈色的粉末，构成典型的锈病症状，如蔷薇锈病、栾树锈病；白锈在植物病部表皮下产生许多疱状物，破裂后散出大量白色粉末，如牵牛花白锈病。

④颗粒状物　植物病部表面或组织内部产生黑色小颗粒，有真菌的分生孢子器、子囊壳、闭囊壳、菌核等，如大叶黄杨褐斑病在病斑上产生黑色小颗粒，是病菌的分生孢子器。

病症一般在植物发病后期出现，气候潮湿有利于病症形成。在病害鉴别过程中可利用人工保湿法诱发病症。

症状是识别病害的重要依据。多数病害的症状都具有相对稳定性。但症状表现也不是固定不变的，有时几种类型同时出现于同一病株，形成综合征。如花叶常伴随器官的畸形，丛枝常伴随叶片变小或植株矮化等。同一种病害，在植物不同品种上常表现出不同的症状。有的病害在同一品种的不同生育期症状也有变化，因此，对某些病害不能单凭症状进行识别，特别是新发生的病害，更不能只根据一般症状下结论，必要时应进行病原鉴定。

（4）主要花卉病害及防治

1）白粉病

①发病规律　以月季白粉病为例：病原菌生长最适温度为21℃，最低温度为3℃，最高温度为33℃。粉孢子萌发最适湿度为97%～99%。病原菌以菌丝体在芽中越冬，温室栽培该病周年发生，是露地栽培的初侵染源。冬季温暖地区露地栽培月季也可周年发病。南方3—5月发病重，北方5—6月及9—10月发病重。施氮肥过多、栽植过密、光照不足、通风不良发病重。

②防治方法

a. 剪除病枝、病芽和病叶。

b. 休眠期喷2～3次波美度石合剂，发病季节喷50%苯来特可湿性粉剂1 500～2 000倍液，25%的粉锈宁可湿性粉剂1 500～2 000倍液，残效期长达1.5～2个月；50%苯来特可湿性粉剂1 500～2 000倍液；碳酸氢钠250倍液；近年来，生物农药发展较快，2%武夷霉素，抗霉菌素120对白粉病也有良好的防效。要注意交替使用农药，避免白粉菌产生抗药性。

c. 温室中冬季防治可将硫磺粉涂抹在取暖设备上任其发挥，使用硫磺的适宜温度是15～30℃。

d. 温室栽培中要注意通风、透气、透光、不要过密。

2）锈病

①发病规律　以梨桧锈病（见彩图4）为例：此病行转主寄生。转主寄主有桧柏、龙柏、花柏、鹿角柏、蜀柏、铺地柏等。另一寄主是贴梗海棠、垂丝海棠、梨、木瓜、山楂等。以多年生菌丝在桧柏针叶、小枝及主干上部组织中越冬。翌春遇充足的雨水，冬孢子角胶化产生担孢子，借风雨传播、侵染为害，潜育期6～13天，该病的发生与3月份降雨早晚及降雨量相关。展叶20天以内的幼叶易感病；展叶25天以上的叶片一般多不再受侵染。7月产生锈孢子，借风传播到桧柏或龙柏上，侵入嫩梢，雨水多是该病发生的主要条件。

②防治方法

a. 避免将海棠、梨等与桧柏或龙柏种在一起。

b. 冬孢子胶化前及胶化后（3月下旬），在海棠上喷2～3次50%硫悬浮剂400倍液或15%三唑酮可湿性粉剂1 000倍液、25%敌力脱乳油3 000倍液。隔15天左右1次，防治1次或2次。

c. 海棠发病初期喷15%粉锈宁可湿性剂1 500倍液。

3）叶斑病

①发病规律　金叶女贞叶斑病是近年来发生较为严重的一种新病害。在杭州初次发生期为4月中旬，高峰期为5—8月和10月。金叶女贞叶斑病受气候影响较大，高温高湿会加大病害发生的可能性，遇到气温较高且连续雨天、种植过密时容易发病。

②防治方法

a. 种植密度不宜过密，密植使小环境郁闭，不通气，湿度大，易发病，尤其容易使下部叶片发病脱落。

b. 春、秋两季尽量清除灌木下的落叶。

c. 根据此病害的消长动态，应从4月中旬起，雨前在金叶女贞叶面喷施保护性杀菌剂（1～2次）进行保护；5月中旬至8月中旬和9月中旬至11月初交替喷施保护性杀菌剂和治疗性杀菌剂（每月2～3次，可根据病情程度和雨水多少确定施药次数）。保护性杀菌剂80%大胜可湿性粉剂600～800倍液效果极好；治疗性杀菌剂可选用力克菌或甲基托布津800～1 000倍液。

4）腐烂病

①发病规律　以君子兰腐烂病为例：在高湿、闷热、通风不良的环境，又施用氮肥过量时，易发生腐烂病。

②防治方法

a. 此病多发生在夏秋季高温季节，进入高温季节前可定期喷洒农用链霉素、百菌清、多菌灵等预防细菌的药物，在高温季节要加强降温与通风，并控制施肥与浇水量。在春季换土时可对花土进行灭菌处理，可避免软腐病。

b. 此病传染速度极快，发现病株一定要及时处理，摘除病叶并清理干净伤口，可涂抹60%百菌通可湿性粉剂或用复方新诺明粉剂涂抹效果都佳。如果叶片心部出现病灶很难处理，要果断切除所有病灶，并涂抹上药粉，否则整株很快全部烂掉。

5）炭疽病

①发病规律　以兰花炭疽病为例：每年3—11月均可发病。因病菌的最适生长温度为25℃，故4—6月最易发病。老叶片4—8月发病，新叶片8—11月发病。病菌从伤口或直接从幼嫩的叶片上侵入，若兰花叶片受伤，或高湿闷热、放置过密、通风不良、盆内积水，则易发病。

②防治方法

a. 发现病叶及时摘除并销毁或深埋。

b. 室内要通风透光，花盆放置不要过密，浇水时要从盆边注水。

c. 发病初期可喷50%的多菌灵可湿性粉剂500倍液或65%的代森锌500～800倍液或50%炭疽福美可湿性粉剂500倍液，7～10天1次，可以控制病情。

4.6　常用药剂的使用

（1）常用药剂的基本特性

1）杀虫剂

①有机氯杀虫剂是一类含有氯原子的有机合成杀虫剂，也是发现和应用得最早的一类人工合成杀虫剂。滴滴涕和六六六是这类药剂的杰出代表，20世纪40年代到70年代期间被广泛应用，在防治农林、卫生害虫方面发挥过重大作用。20世纪70年代以来，由于污染环

境且不易分解，滴滴涕、六六六等有机氯杀虫剂品种相继被禁用，有机氯化合物在杀虫剂中的地位大为下降，现已所剩无几。

②有机磷杀虫剂品种繁多，各品种之间性能差异甚大，作为杀虫剂，它具有以下共同特点：

a. 易分解，对环境污染小。在植物体内易于被代谢、分解。在土壤中及水中也易被水解，因此它们残留期短，残留量少，对环境污染小。

b. 对植物安全。有机磷杀虫剂除个别品种对少数作物（如敌敌畏、敌百虫对樱花等蔷薇科植物）有药害外，一般在使用剂量下，它们对植物是安全的。

c. 毒性差异大。各品种有机磷杀虫剂对动物的毒性差异甚大，从高毒品种到低毒品种都有。

d. 高毒力。对害虫毒力较大，对大多害虫有较高的毒力，属于高效型农药。

e. 抗性发展较慢。有机磷杀虫剂已使用多年，许多品种还在使用，且效果良好，害虫对其产生抗性明显慢于其他类型的杀虫剂。

f. 杀虫谱广，作用方式多，应用范围广。有机磷农药品种繁多，具有杀虫谱广，作用方式多的特性。

③有机氮杀虫剂具有以下共同特点：

a. 大多数品种速效性好，残效期短，选择性强。对叶蝉、飞虱、蓟马等防效好，对螨类和介壳虫无效，对天敌安全。

b. 除几个高毒品种外（如呋喃丹、万灵等）大多对高等动物毒性较低，在环境中易降解，且降解产物能作为氮肥被植物吸收，对植物无药害，是一类重要的杀虫剂。

④拟除虫菊酯类杀虫剂具有以下共同特点：

a. 高效。拟除虫菊酯的杀虫效力较常用杀虫剂高 1～2 个数量级，且见效快，速效性好。

b. 杀虫谱广。拟除虫菊酯对农林、园艺、仓库、畜牧、卫生上的大部分害虫，对刺吸式口器和咀嚼式口器的昆虫均有良好的防治效果。

c. 毒性低。拟除虫菊酯对哺乳动物的毒性一般较有机磷和有机氮低，特别是其用量少，使用比较安全，也有个别品种毒性偏高。对鱼、虾等水生生物毒性大。

d. 大多数品种没有内吸传导作用，杀螨作用差，对天敌没有选择作用。

2）杀菌剂

①无机杀菌剂　无机杀菌剂包括硫、无机硫化物和铜制剂，无机杀菌剂均为保护性杀菌剂，无治疗作用，由于无机杀菌剂作用方式简单，所以，真菌对其不产生抗药性，可连续使用。硫及无机硫化物主要用于防治白粉病类病害，而铜制剂为广谱性的保护剂，但对白粉病、锈病及灰霉病无效或作用很小。

②有机杀菌剂　有机杀菌剂的特点是品种繁多，大多数品种具有高效低毒，药效长，对动物、植物及环境较安全的特点。有些种类有较高的选择性（如三唑酮、甲霜灵等），而另一些种类具有广谱性，对一般的真菌病害均有效（如达克宁、多菌灵等）。

（2）常用药剂的用法

1）喷粉法　将药剂及辅料加工成细的微粒，通过喷粉的方法将超微农药粉粒形成飘尘，使其在空气中悬浮较长时间后，均匀地、多向地扩散并沉积在花卉植株上，达到防病治虫的目的。与喷雾法相比，它省工、省水、省药，在密闭的环境中使用，具有不增加环境湿度、防治效果好等优点。它最大的缺点是不能在开放的空间使用，如在开放空间作用，农药粉粒所形成的飘尘将污染环境。

2）喷雾法　喷雾法是利用喷雾器将按一定比例配好的药液喷射到植物或病虫杂草上的一种方法，目前应用最为广泛。这种方法的优点是展布性和均匀性较好，药效期长，与病虫草接触的机会较多。缺点是为避免药害，需要用大量水将药液稀释，需要有良好的水源，且单位面积上的施药量很大，工效比较低，在密闭的环境中使用，由于提高了环境的温度，有可能引起某些植物病害。

3）熏蒸法　熏蒸法是指利用熏蒸剂或容易挥发的药剂所产生的毒气来杀虫灭菌的一种施药方法。一般应在密闭条件下进行。主要用于防治温室大棚里的害虫、蛀干害虫和种苗上的害虫。如用磷化锌毒签熏杀天牛幼虫，用溴甲烷熏蒸棚内土壤等。具有防效高、作用快等优点。其缺点是受环境条件限制，不能在开放的场地或密封条件差的环境中使用。

4）烟雾法　烟雾法是利用烟剂点烟或利用药物直接加热发烟来防治病虫的施药方法，适合在密闭的环境（如仓库、温室等）或在郁闭度高的情况（如森林、果园等）使用。药剂形成的烟雾毒气要有较好的扩散性和适当的沉降穿透性，空间停留时间较长，只有这样才能取得好的效果。具有防效高、省时省力、施药均匀的优点。其缺点是使用时受环境条件的限制较多，除在密闭的环境下使用外，在野外必须在无风或微风的条件下使用，且植被的郁闭度要高。

5）诱杀法　利用害虫喜食的饵料与农药混合制成一种含毒食物，引诱害虫前来取食，产生胃毒作用将害虫毒杀而死，使用时应根据害虫取食习性，傍晚时撒布于田间诱杀。其优点是药剂使用量少，省工省力，对防治地下害虫尤为有效。缺点是此法只对某些趋化性较强的害虫有效，对防治一般害虫无效。

（3）安全合理地使用药剂

农药的安全合理使用，要做到用药少、效果好，对植物无药害，对人畜和有益生物安全，能够避免和延缓病虫产生抗药性，减少环境污染。合理使用农药，既要重视经济效益，又要考虑社会效益。

1）农药的残留　农药在使用后，一部分被植物吸收，还有一部分残留在植物表面，这些残留物不断受到阳光、雨露和植物体内酶的作用，逐渐分解失效，但是仍会有微量的有毒物质残留下来，称为农药的残留。

2）合理使用农药

①对症下药　根据防治对象选择农药种类，如胃毒剂一般只用于防治咀嚼式口器的害虫。杀菌剂中的硫制剂对多种白粉菌有特效，而对霜霉菌无效。农药种类确定以后，还要选用合适的剂型。若防治体壁蜡层厚的昆虫，宜用脂溶性大和黏着力强的乳油。

②及时用药　即使是同种防治对象，在不同发育阶段对农药的敏感程度也有差别，一般地说，害虫的卵期和蛹期对药剂的抗药性强，幼虫期和成虫期比较敏感，在幼虫阶段，随龄

期增大，抗药性也不断增强，其抗药性可相差十几倍甚至几十倍。真菌的孢子在休眠阶段抗药性强，萌发以后抗性明显降低，在防治对象对药剂的敏感时期及时用药，能显著提高药效。

③提高用药质量　用药量要适当，用量并不是越多越好，在一定范围内，浓度高些，使用次数多些，用量多些，效果也会高些，但超过一定限度后，单位面积上总用药量与防治效果不成正比，甚至会因杀伤害虫的天敌、增强害虫的抗性等降低总的防治效果。因此，提倡使用最低有效浓度和最少有效次数，以达到环保、省工、省药、降低成本的目的。

④合理混合用药　将几种农药混合使用，除节约人力、时间外，还能达到兼治、增效和延缓抗药性的目的。如将杀虫剂和杀菌剂混用可以病虫兼治，将化学农药和微生物农药混用，可以延长残效期。但并不是所有的农药都可任意混用，农药混合的基本原则是，混合后不应破坏原有的理化性状，防治效果互不干扰或有所提高。有机农药因化学反应缓慢，一般都可混用，但有机农药与无机农药，或无机农药之间混用易引起分解失效，并能造成植物药害，同类性质的农药混合后没有明显的增效作用，还可能造成浪费。因此，农药混用时应考虑其利弊。

⑤避免植物药害　如果农药使用不当，不但收不到应有的防治效果，还会对植物造成伤害，称为药害。多数农药，特别是无机农药，在高温和强日照下易发生药害，一般在高温下使用农药时，浓度要较正常情况下略稀，而在湿度较高的情况下，可适当增加农药的浓度。因此，施用农药时，要综合考虑农药、植物、环境 3 方面因素，避免产生药害。

⑥根据不同情况采用施药方法　农药的品种繁多，加工剂型也多种多样，同时防治对象的为害部位、为害方式、环境条件等也各不相同。因此，农药的使用方法也随之多种多样，常见的施药方法有：

a. 喷雾。借助于喷雾器械将药液均匀地喷布于防治对象及被保护的寄主植物上，喷雾是生产上应用最广泛的一种方法。适合于喷雾的剂型有乳油、可湿性粉剂、可溶性粉剂、胶悬剂等。在喷雾时，雾滴大小会影响防治效果，一般地面喷雾直径最好在 50～80 μm 之间。喷雾时要求均匀周到，使目标物上均匀地有一层雾滴，并且不形成水滴从叶片上滴下为宜。最好不要在中午喷雾，以免发生药害和人体中毒。

b. 土壤处理。将药粉用细土、细沙、炉灰等混合均匀，撒施于地面，然后进行耧耙翻耕等。主要用于防治地下害虫或某一时期在地面活动的昆虫。如用 5%辛硫磷颗粒剂 1 份与细土 50 份拌匀，制成毒土。

c. 拌种、浸种或浸苗、闷种。拌种是指在播种前用一定量的药粉或药液与种子搅拌均匀，用以防治种子传染的病害和地下害虫。拌种用的药量，一般为种子重量的 0.2%～0.5%。浸种或浸苗是指将种子或幼苗浸泡在一定浓度的药液里，用以消灭种子、幼苗所带的病菌或虫体。闷种是指把种子摊在地上，把稀释好的药液均匀地喷洒在种子上，并搅拌均匀，然后堆起熏闷并用麻袋等物覆盖，经过一昼夜后，晾干即可。

d. 毒饵。利用害虫喜食的饵料与农药混合制成，引诱害虫前来取食，产生胃毒作用将害虫毒杀而死。常用的饵料有麦麸、米糠、豆饼、花生饼、玉米芯、菜叶等。饵料与敌百虫、辛硫磷等混合均匀，撒布于害虫活动的场所。主要用于防治蝼蛄、地老虎、蟋蟀等地下害虫。

e. 熏蒸。熏蒸是指利用有毒气体来杀死害虫或病菌的方法。一般应在密闭条件下进行。主要用于防治温室大棚里的害虫、蛀干害虫和种苗上的害虫。如用磷化锌毒签熏杀天牛幼虫，用溴甲烷熏蒸棚内土壤等。

f. 涂抹。涂抹是指利用内吸性杀虫剂在植物幼嫩部分直接涂药，或将树干刮去老皮露出韧皮部后涂药，让药液随植物体运输到各个部位。

g. 毒笔。毒笔是指采用触杀性强的农药为主剂，与石膏、滑石粉等加工制成的粉笔状毒笔。用于防治具有上、下树习性的昆虫。

h. 根区撒施。根区施药是利用内吸性药剂埋于植物根系周围。通过根系吸收运输到树体全身，当害虫取食时使其中毒死亡。如用5%丁硫克百威颗粒剂埋施于根部，可以防治多种刺吸式口器的害虫。

i. 注射法、打孔法。注射法是用注射机或兽用注射器将内吸性药剂注入树干内部，使其在树体内传导运输而杀死害虫，可以防治天牛、木蠹蛾等。打孔法是用木钻、铁钎等利器在树干基部向下打一个45度角的孔，深约5 cm，然后将药液注入孔内，再用泥封口。

总之，农药的使用方法很多，可根据药剂的性能及病虫害的特点灵活运用。

单元 5
花卉应用知识

5.1 花卉在园林绿地中的应用

(1) 主要应用形式

1) 花坛　花坛是一种古老的花卉应用形式，最初含义是具有几何形轮廓的植床内，种植各种不同色彩的花卉，运用花卉的群体效果来体现图案纹样，或观赏盛花时绚丽景观的一种花卉应用形式。它以突出鲜艳的色彩或精美华丽的纹样来体现其装饰效果。早期的花坛具有固定地点，几何形植床边缘用砖或石头镶嵌，形成花坛的周界。随着时代变迁和文化交流，花坛形式也在变化和拓宽，由最初的平面地床或沉床（花坛植床稍低于地面）花坛拓展出斜面、立面、活动式等多种类型。现代工业的发展，为花坛施工技术的提高、盆钵育苗方法的改进提供了可能性，使许多在花坛意义上的花卉应用新设想得以实现，为这一古老的花卉应用形式带来了新的生机。

现代花坛式样极为丰富，某些设计形式已超出了花坛最初的含义。一般可按花材和空间位置来分类。

①依据花坛所栽培花卉植物分类

a. 盛花花坛。一般由观花的草本植物组成，主要是以欣赏草本花卉盛开时鲜艳的色彩为目的。要求所选花卉高矮一致，开花整齐，花期一致且较长。可以用一、二年生花卉，如早菊（一年生）、翠菊、一串红、金盏菊、鸡冠花、香雪球、三色堇，也可以用多年生的球根花卉，如风信子、郁金香等。盛花花坛可放置在大型广场的中央，大型建筑物的正前方，可以衬托建筑物，增强建筑物的艺术感染力。

b. 模纹花坛。主要由低矮的观叶植物或花叶兼美的植物组成各种图案或文字。花坛的表面修剪成平整或和缓的曲面。一般选择生长缓慢，株丛低矮，枝叶紧密，花期集中，色彩艳丽，耐修剪的植物。常用的有红绿草、白草、半支莲或荷兰菊、翠菊、彩叶草、香雪球、三色堇等的矮化品种。如文字花坛、肖像花坛、图徽（图案）花坛等，这样的花坛有明确的表现主题，常用于广场的四周或中心，重大节日场地，以增加节日喜庆气氛。如时钟花坛、日历花坛，这样的花坛都具有实用的特点。常用于构图中心，或者是道路旁边。模纹花坛包括毛毡花坛、浮雕花坛、彩结花坛等。

（a）毛毡花坛是由各种观叶植物组成精美的装饰图案，植物修剪成同一高度，表面平整，宛如华丽的地毯。

（b）浮雕花坛是依花坛纹样变化，植物高度有所不同，部分纹样凸起或凹陷。凸出的纹样模多由常绿小灌木组成，凹陷面多栽植低矮的草本植物；也可以通过修剪，使同种植物因高度不同而呈现凸凹，整体上具有浮雕的效果。

（c）彩结花坛是花坛内纹样模仿绸带编成的绳结式样，图案的线条粗细一致，并以草坪、砾石或卵石为底色。这种样式在16世纪西方国家流行一时，以后逐渐消失了。

c. 现代花坛。常见两种类型相结合的形式。例如在规则式几何形种植床上，中间为盛花的布置形式，边缘用模纹式；或在立体花坛中，立面为模纹式，基部用水平的盛花式。

②依据花坛的空间位置分类

a. 平面花坛。花坛表面与地面平行，主要观赏花坛的平面效果，包括沉床花坛或稍高出地面的花坛。

b. 斜面花坛。花坛设置在斜坡或阶地上，也可以布置在建筑的台阶两旁或台阶上，花坛表面为斜面，是主要观赏面。

c. 立体花坛。花坛向空间伸展，具有竖向景观，是一种超出花坛原有含义的布置形式，它以四面观为多。包括造型花坛、标牌花坛等。

（a）造型花坛是用模纹花坛的手法，运用五色草或小菊等草本观叶植物制成作品种造型物，如动物、花篮、花瓶、亭、塔等，前面或四周用平面式装饰。

（b）标牌花坛是用植物材料组成的竖向牌式花坛，多为一面观。可以是落地的，也可以借助建筑材料（如砖、木板、钢管、铁架等）搭成骨架，植物材料种植在栽植箱或花盆中，绑扎或摆放在骨架上，使图案成为距地面一定高度的垂直或斜面的广告宣传牌样式。

③依据花坛的组合分类

a. 独立花坛即单体花坛，常设在广场、公园门口等较小环境中。

b. 花坛群由相同或不同形式的数个单体花坛组成，但在构图及景观上具有统一性。多设置在面积较大的广场、草坪或大型的交通环岛上。花坛群应具有统一的底色，或草坪或铺装广场，以突出其整体感。花坛群中的单体花坛在设计构图中是整体的一部分，格调应一致，但可有主次之分。花坛群还可以结合喷泉和雕塑布置，后者可作为花坛群的构图中心，也可作为装饰。花坛群中的诸因素（如底色、单体花坛、喷泉、雕塑等）紧密结合，形成花坛群的景观。

常见的另一种单体花坛组合形式，称为花坛组。是同一个环境中设置的多个花坛。不同于花坛群之处在于各个单体花坛之间的联系不是非常紧密，只是在某一局部环境总体布置中它们是多个相同的组成元素。如沿路布置的多个带状花坛、建筑物前作基础装饰的数个小花坛等。

2）花境　用多种花卉，以自然式风格交错混合配置，在灌丛绿篱、栏杆前面、草地边缘、道路两侧或建筑物前，布置成较宽的花带。它们是根据自然界森林边缘处野生花卉自然散布生长景观加以艺术提炼而应用于园林中的造景创作。从平面上看是各种花卉的块状混植，从立面上看是高低错落。既表现了植物个体生长的自然美，又展示了植物自然组合的群体美。可以形成丰富的季相景观，一般可达到三季有花可赏、四季常青的效果。植物材料以耐寒的可在当地安全越冬的宿根花卉为主，间有一些小灌木或耐寒的球根花卉或少量的一、二年生草花。

在园林中，花境不仅能增加自然景观，还可以分隔空间和组织游览路线。一次种植后可多次使用，达到四季有景。

①从设计形式上分，花境主要有 3 类：

a. 单面观赏花境。这是传统的花境形式，多临近道路设置。花境常以建筑物、矮墙、树丛、绿篱等为背景，前面为低矮的边缘植物，整体上前低后高，供一面观赏。

b. 双面观赏花境。这种花境没有背景，多设置在草坪上或树丛间，植物种植是中间高两侧低，供两面观赏。

c. 对应式花境。在园路的两侧、草坪中央或建筑物周围设置相应的两个花境，这两个花境呈左右二列式。在设计上统一考虑，作为一组景观，多采用拟对称的手法，以求有节奏和变化。

②从植物选材上分，花境可分为 3 种：

a. 宿根花卉花境。花境全部由可露地过冬的宿根花卉组成。

b. 混合式花境。花境种植材料以耐寒的宿根花卉为主，配置少量的花灌木、球根花卉或一、二年生花卉。这种花境季相分明，色彩丰富，多见应用。

c. 专类花卉花境。是由同一属不同种类或同一种类不同品种植物为主要种植材料的花境。做专类花境用的宿根花卉要求花期、株形、花色等有比较丰富的变化，从而体现花境的特点，如百合类花境、鸢尾类花境、菊花花境等。

3）花台　将地面抬高几十厘米，以砖石矮墙围合，其中栽植花木。这是我国庭园中栽植名贵花木的一种方式，如牡丹、芍药台等。在整形的园林中花台多为规则式（整齐式），也有利用山石围拢成自然式（盆景式）花台的。

4）篱垣及棚架　利用蔓性花卉来装点篱垣、棚架等，可起到垂直绿化、美化的效果，还可以造型等。常用的植物材料有草本蔓性花卉（如茑萝、香豌豆、牵牛等）、木本藤本植物（如紫藤、凌霄、木香等），特别是攀缘类月季，具有较高观赏性，可做成高大的花柱，也可弯曲成拱门，还可做成花廊、花屏障等，在园林中被广泛应用。

5）水面绿化　栽培各种水生花卉可以绿化池塘、湖泊、低湿地等，同时还可净化水质，保持水面洁净，控制有害藻类生长等。根据不同环境条件及景观要求，对水生花卉的选择也不同，如沼泽地和低湿地带常栽培千屈菜、香蒲、石菖蒲等；静水状态的池塘适宜栽植睡莲、王莲；水深 1 m 左右，水流缓慢的可栽植荷花；水深超过 1 m 的湖塘多栽植萍蓬草、凤眼莲等。若水很深，可按要求筑砌栽植槽，或用缸、盆栽入花卉后，沉入水中再培育。

6）盆花布置　利用盆栽花卉或温室花卉作室外装饰，或进行花卉展览，是花卉应用的常用形式。盆栽花卉可以配合露地花卉布置花坛、花带、花境等，也可应用于公园、广场、公共建筑的门厅、门前、展室内及会场的布置。广义来说，所有花卉都可以盆栽，但适于盆花布置的花卉要同时满足两个基本要求：一是花期长，花朵鲜艳夺目或有香气等，具有较高的观赏效果；二是在盆栽条件下，能正常生长发育。

(2) 固定式花坛的布置

花坛是在一定种植床内栽植不同或相同种类的色彩鲜艳的花卉，主要是表现花卉的群体美和色彩美的一种绿化装饰。它在环境中可作为主景，也可作为配景。其形式与色彩的多样性决定了它在设计上有广泛的选择性。花坛的设置首先应在风格、体量、形状诸方面与周围环境相协调，其次是花坛应有自身的特色。例如在民族风格的建筑物前设计花坛，应选择具有中国传统风格的图案纹样和形式；在现代风格的建筑物前可设计有时代感的抽象图案，形式力求新颖。

花坛的体量、大小也应与花坛设置的广场、出入口及周围建筑的高低成比例，一般不应超过广场面积的1/3，不小于1/5。出入口设置花坛以既美观又不妨碍游人路线为原则，在高度上不可遮住出入口的视线。花坛的外部轮廓也应与建筑物边线、相邻的路边和广场的形状协调一致。色彩应与所在环境有所区别，既有醒目和装饰的作用，又与环境协调，融于环境之中，形成整体美。

1) 盛花花坛的布置

①植物选择　以观花草本为主体，可以是一、二年生花卉，也可用多年生球根或宿根花卉，并可适当选用少量常绿及观花小灌木作辅助材料。

一、二年生花卉为盛花花坛的主要材料，其种类繁多，色彩丰富，成本较低。球根花卉也是盛花花坛的优良材料，色彩艳丽，开花整齐，但成本较高。适合作花坛的花卉应株丛紧密、着花繁茂，理想的植物材料在盛花时应完全覆盖枝叶，要求花期较长，开放一致，至少保持一个季节的观赏期。如为球根花卉，要求栽植后开花期一致。花色明亮鲜艳，有丰富的色彩幅度变化，纯色搭配及组合比复色混植更为理想，更能体现色彩美。不同种花卉群体配合时，除考虑花色外，还要考虑花的质感相协调才能获得较好的效果。植株高度依种类不同而异，但以选用10～40 cm的矮性品种为宜。此外要移植容易，缓苗较快。

常用的有三色堇、金盏菊、金鱼草、紫罗兰、福禄考、石竹类、百日草、一串红、万寿菊、孔雀草、美女樱、凤尾鸡冠、翠菊、霍香蓟、菊花等。球根花卉如水仙类、郁金香、风信子等，由于其花色鲜艳，花期早，也常用作早春盛花花坛布置，因其植株叶少而土面裸露，可在株间配植低矮而枝叶繁茂美观的二年生花卉，如三色堇、雏菊、勿忘草、花亚麻等作为球根花卉的衬托；但也可用植株高过主要观赏的球根花卉，而高出部分为轻盈的小花着生于疏松的大花序上的种类，如霞草、高雪轮、蛇目菊、山桃草等，使小花似雾状或繁星状罩于其上，如运用得当能取得意想不到的效果。但不论何种配植方式，都应注意陪衬种类要单一，花色要协调。

花坛中心宜选用较高大而整齐的花卉材料，如美人蕉、扫帚草、毛地黄、高金鱼草等；也有用树木的，如苏铁、蒲葵、海枣、凤尾兰、雪松、云杉及修剪的球形黄杨、龙柏等。花坛的边缘也常用矮小的灌木绿篱或常绿草本作镶边栽植。如雀舌黄杨、紫叶小檗、葱兰、沿阶草等。

②色彩设计　盛花花坛表现的主题是花卉群体的色彩美，因此，在色彩设计上要精心选择不同花色的花卉巧妙的搭配，整体色彩要鲜明、艳丽。如果有台座，花坛色彩还要与台座的颜色相协调。

盛花花坛常用的配色方法有：

a. 对比色应用。这种配色较活泼而明快。深色调的对比较强烈，给人兴奋感，浅色调的对比配合效果较理想，对比不那么强烈，柔和而又鲜明。如堇紫色＋浅黄色（堇紫色三色堇＋黄色三色堇、霍香蓟＋黄早菊、荷兰菊＋三色堇），绿色＋红色（扫帚草＋星红鸡冠）等。

b. 暖色调应用。类似色或暖色调花卉搭配，色彩不鲜明时可加白色以调剂，并提高花坛明亮度。这种配色鲜艳，热烈而庄重，在大型花坛中常用。如红＋黄或红＋白＋黄（黄早菊＋白早菊＋一串红或一品红、金盏菊或黄三色堇＋白雏菊或白色三色堇＋红色美女樱）。

c. 同色调应用。这种配色不常用，适用于小面积花坛及花坛组，起装饰作用，不作主景。如白色建筑前用纯红色的花，或由单纯红色、黄色或紫红色的单色花组成的花坛组。

色彩设计中还要注意其他一些问题：

一是一个花坛配色不宜太多。一般花坛搭配 2～3 种颜色，大型花坛搭配 4～5 种颜色。配色多而复杂难以表现群体的花色效果，显得杂乱。

二是在花坛色彩搭配中注意颜色对人的视觉及心理的影响。如暖色调给人在面积上有扩张感，而冷色则收缩，因此设计各色彩的花纹宽窄、面积大小要有所考虑。例如，为了达到视觉上的大小相等，冷色用的比例要相对大些才能达到设计意图。

三是花坛的色彩要和它的作用相结合考虑。装饰性花坛、节日花坛要与环境相区别，组织交通用的花坛要醒目，而基础花坛应与主体相配合，起到烘托主体的作用，不可过分艳丽，以免喧宾夺主。

四是花卉色彩不同于调色板上的色彩，需要对花卉的色彩仔细观察才能正确应用。同为红色的花卉，如天竺葵、一串红、一品红等，在明度上有差别，分别与黄早菊配用，效果不同。一品红红色较稳重，一串红较鲜明，而天竺葵较艳丽，后两种花卉直接与黄早菊配合，也有明快的效果，而一品红与黄早菊中加入白色的花卉才会有较好的效果。同样，黄、紫、粉等各色花在不同花卉中明度、饱和度都不相同，一定要根据实际花色进行调配。

③图案设计　外部轮廓主要是几何图形或几何图形的组合。花坛大小要适度。在平面上过大在视觉上会引起变形。一般观赏轴线以 8～10 m 为度。现代建筑的外形趋于多样化、曲线化，在外形多变的建筑物前设置花坛，可用流线或折线构成外轮廓，对称、拟对称或自然均可，以求与环境协调。常见的花坛轮廓形状如图 5—1 所示。

内部图案要简洁，轮廓明显。忌在有限的面积上设计繁琐的图案，要求有大色块的效果。一个花坛即使用色很少，但图案复杂则花色分散，不易体现整体色块的效果。

盛花花坛可以是某一季节观赏的花坛，如春季花坛、夏季花坛等，至少保持一个季节内有较好的观赏效果。但设计时可同时提出多季观赏的实施方案，可用同一图案更换花材，也可另设方案，一个季节花坛景观结束后立即更换下季材料，完成花坛季相交替。

2）模纹花坛的布置　模纹花坛主要表现出植物群体形成的华丽纹样，要求图案纹样精美细致，有长期的稳定性，可供较长时间的观赏。

①植物选择　植物的高度和形状对模纹花坛纹样表现有密切关系，是选择材料的重要依据。低矮、细密的植物才能形成精美细致的华丽图案。典型的模纹花坛材料如五色草类、矮

图 5—1　常见的花坛轮廓形状

黄杨等都符合下述要求：

a. 以生长缓慢的多年生植物为主，如红绿草、白草、尖叶红叶苋等。一、二年生草花生长速度不同，图案不易稳定。可选用草花的扦插、播种苗及植株低矮的花卉作图案的点缀，前者如紫菀类、孔雀草、矮串红、四季秋海棠等；后者有香雪球、雏菊、半支莲、三色堇等，但把它们布置成图案主体则观赏期相对较短，一般不使用。

b. 以枝叶细小，株丛紧密，萌蘖性强，耐修剪的观叶植物为主。通过修剪可使图案纹样清晰，并维持较长的观赏期。枝叶粗大的材料不易形成精美的纹样，在小面积花坛上尤其不适用。观花植物花期短，不耐修剪，若使用少量作点缀，也以植株低矮、花小而密者效果为佳，植株矮小或通过修剪可控制在 5～10 cm 高，耐移植，易栽培，缓苗快的材料为佳。

②色彩设计　模纹花坛的色彩设计应以图案纹样为依据，用植物的色彩突出纹样，使之清晰而精美。如选用五色草中红色的小叶红或紫褐色小叶黑与绿色的小叶绿描出各种花纹。为使之更清晰，还可以将白绿色的白草种在两种不同颜色的草中间，以突出纹样的轮廓。

③图案设计　模纹花坛以突出内部纹样精美华丽为主，因而植床的外轮廓以线条简洁为宜，可参考盛花花坛中较简单的外形图案。面积不宜过大，尤其是平面花坛，面积过大在视觉上容易造成图案变形的弊病。

内部纹样可较盛花花坛精细复杂些，但点缀及纹样不可过于窄细。以红绿草类为例，不可窄于 5 cm，一般草本花卉以能栽植 2 株为限。设计条纹过窄则难于表现图案，纹样粗宽色彩才会鲜明，使图案清晰。

a. 内部图案可选择的内容广泛，如仿照某些工艺品的花纹、卷云等，设计成毯状花纹；用文字或文字与纹样组合构成图案，如国旗、国徽、会徽等，设计要严格符合比例，不可改动，周边可用纹样装饰，用材也要整齐，使图案精细，多设置于庄严的场所；名人肖像在设计及施工上也比较严格，植物材料也要精选，从而真实体现名人的形象；也可选用花篮、花瓶、建筑小品、动物、花草、乐器等图案或造型，可以是装饰性的，也可以有象征意义。此外，还可利用一些机器构件如电动马达等与模纹图案共同组成有实用价值的各种计时器。常见的有日晷的底盘，在底盘的南方立一倾斜的指针，在晴天时指针的投影可从上午 7 时至下午 5 时指出正确的时间。

b. 时钟花坛用植物材料作时钟表盘，中心安置电动时钟，指针高出花坛之上，可正确指示时间，一般设在斜坡上观赏效果好。

c. 日历花坛用植物材料组成“年”“月”“日”或“星期”等字样，中间留出空位，用其他材料制成具体的数字填于空位，每日更换。日历花坛宜设于斜坡上。

（3）花坛的施工和养护管理

施工是实现设计意图的重要环节，施工时最好有设计者参与以实现设计的目的。

平面花坛的施工一般有整理地床、放线、栽苗、浇水等工序。

花坛的养护管理标准（五级）的要求是：花卉长势良好，体现花坛设计要求，造型优美；在花坛开花期间，每周剪残枝、残花 5～7 次，保持清晰的图案和适宜的高度；宿根花卉管理及时，花期长，花色正，缺株率在 8%以下；有轻微病虫害及人为损害，处理后对花卉生长影响很小，泥面不开裂，花木不缺水枯萎现象；叶色、大小正常，无非正常落叶、黄叶；株形丰满、整齐、姿态匀称优美。

要达到以上标准，必须及时浇水、中耕除草、剪除残花枯叶，保持清洁美观。如发现有害虫孳生，应立即根除。若有缺株要及时补栽。对五色草等组成的模纹花坛，应经常整形、修剪，保持图案清晰、整洁。

（4）活动花坛与钵植应用

活动花坛是与前述的具有固定植床的固定性花坛相对而言的，它是随着城市的发展、施工手段的逐步完善而推出的花卉应用形式。在花圃内，依设计意图把花卉栽种在预制的种植钵（种植箱）内，待花开时运送到城市广场、道路两旁和其他建筑物前进行装点，施工便捷，还可迅速形成景观，符合城市发展的需求。

1）活体花坛的优点　活动花坛与固定式花坛相比，有以下优点：

①施工快捷、保证质量。由于活动花坛的栽植及养护工作大部分是在圃地内进行的，不仅施工不会妨碍交通和污染街景，同时花坛内的植物材料能保证质量，即使有不合格的花苗，也能事先补植或更换，从而提高了景观效果。

②活动花坛可以按季节更换，增加城市景观的新鲜感。

③与固定花坛相比，种植钵便于移动，也可重新组合，可依陈设位置不同，提高装饰效果，如大型展览和会议也可进行租摆。因此，活动花坛是各国广泛应用的形式。

2）种植钵布置　总体上要求造型美观，纹饰简洁的灰、白色调为适，以突出花卉的色彩美。同时还应考虑质地轻便易于移动，既可以单独陈列又能拼组和搭配应用。制作材料有玻璃钢、泡沫砖、混凝土等。用混凝土为构件的种植钵可以添加粗犷纹饰。以玻璃钢为构件的较混凝土质地轻，更便于造型，可添加沟槽纹饰。此外，还有用原木和木条做种植箱的外装饰，更富有自然情趣。

从造型上看，有圆形、方形、高脚杯形，以及由数个种植钵拼组成的六角形、八角形、菱形等，如图 5—2 至图 5—4 所示。

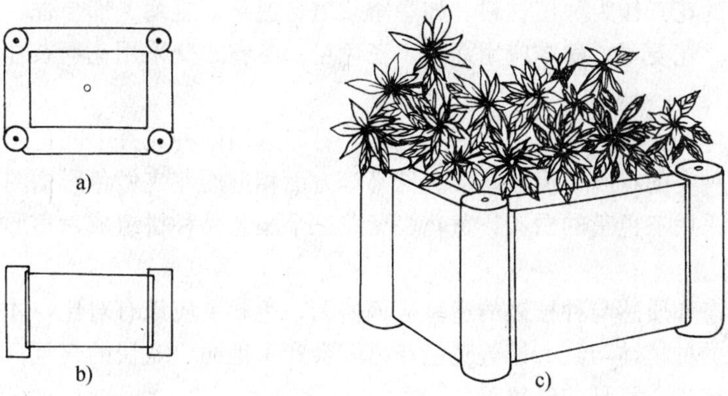

图 5—2　钵植造型设计

a）平面图　b）立面图　c）种植效果图

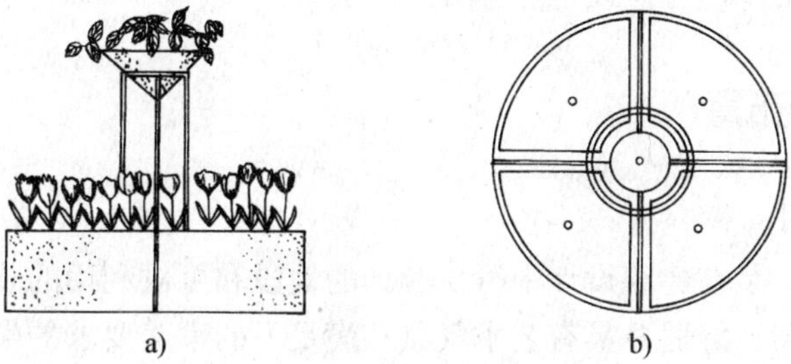

图 5—3　组合式活动花坛造型设计

a）立面效果图　b）平面图

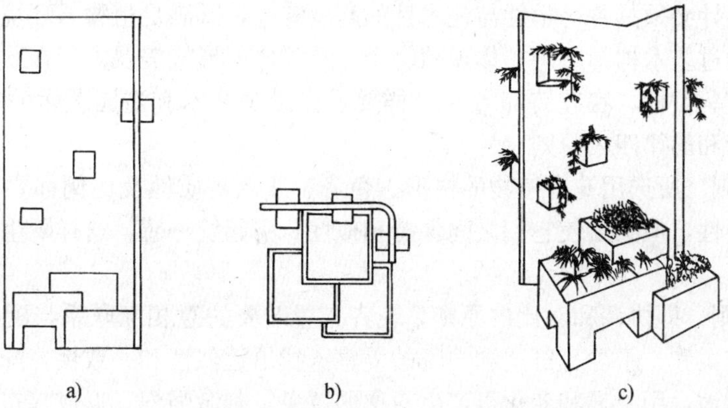

图 5—4　活动花坛造型设计

a）立面图　b）平面图　c）种植效果图

3）花卉种植设计　适合活动花坛及钵植应用的植物种类十分广泛，如一、二年生花卉，球根和宿根花卉，矮生的蔓性和匍匐性植物及多肉植物等。植物种类的设计要点是：

①选择应时的花卉作为种植材料。如春季栽植金盏菊、雏菊、郁金香、水仙；夏季选用美女樱、虞美人、花菱草；秋季应用菊花、三色苋；冬春之交采用花羽衣甘蓝等，为街景及绿地增添季相景观。

②用几个单体的种植钵拼组成的活动花坛，可以选用同种花卉不同色彩园艺品种进行色块构图；或不同种类的花卉，但在花形、株高等方面相近的花卉做色彩构图，均能收到良好的效果。例如，采用三色堇的白花、黄花、紫花三个园艺品种拼组成六角形活动花坛，色调明快、轮廓清晰。

③花卉的形态和质感与种植钵的造型应该协调，色彩上应该有对比，才能更好地发挥装饰效果。如白色的种植钵与红、橙等暖色花搭配会产生艳丽、欢快的气氛；与蓝、紫等冷色系花搭配会产生宁静、素雅的气氛等。

4）施工及养护　根据需要，对种植钵、植物材料及摆设现场分别绘出图纸和提出育苗计划。活动花坛的种植工程，全部在圃地内预制，并注意浇水和养护管理，直至花期到来才可按订购所需用起重吊车运往摆设地点陈设或组装。

5.2　室内花卉布置

（1）主要应用形式

花卉的室内装饰，是在建筑设计中可供装饰的地段和可供利用的装饰手段下，与室内设计协调配合，创造优美、舒适并具有艺术气氛和满足人的审美要求的生活环境。以前主要是家庭居室和机关、单位的美化，广泛应用于宾馆、写字楼、娱乐中心、度假村等场所，并逐渐形成盆花租摆的行业。

（2）花卉布置的艺术原理

花卉布置设计必须具备科学性与艺术性的高度统一，既满足植物与环境在生态适应性上的统一，又要通过艺术构图原理，体现植物个体及群体的形式美及人们在欣赏时所产生的意境美。要达到这一目标，在花卉布置时同样要遵循绘画艺术和造园艺术的基本原则，即统一、调和、均衡和韵律四大原则。

1）统一原则　所选用花卉植物的树形、色彩、线条、质地及比例都要有一定的差异和变化，显示多样性，但又要使它们之间保持相似性，引起统一感，这样既生动活泼，又和谐统一。

2）调和原则　即协调和对比的原则。花卉布置时要注意相互联系与配合，体现调和的原则，使人具有柔和、平静、舒适和愉悦的美感。找出近似性和一致性，配植在一起才能产生协调感。相反地，用差异和变化可产生对比的效果，刺激强烈，形成兴奋、热烈和奔放的感受。因此，实际布置中常用对比的手法来突出主题或引人注目。

3）均衡原则　这是植物配植时的一种布局方法。将体量、质地各异的植物种类均衡配植，景观就显得稳定、顺眼。如色彩浓重、体量庞大、数量繁多、质地粗厚、枝叶茂密的植物种类，给人以重的感觉；相反，色彩素淡、体量小巧、数量简少、质地细柔、枝叶疏朗的植物种类，则给人以轻盈的感觉；根据周围环境，在配植时有规则式均衡（对称式）和自然式均衡（不对称式）。规则式均衡常用于规则式建筑及庄严的陵园或雄伟的皇家园林中。自然式均衡常用于花园、公园、植物园、风景区等较自然的环境中。

4）韵律原则　配植中有规律的变化，就会产生韵律感。

（3）室内布置花卉的养护管理

精细的养护管理工作可保持花卉布置的鲜美形态，取得理想的观赏效果，并可延长盆花摆放的时间，降低成本，同时也可使花卉生长旺盛，不染病虫害。

室内养护管理工作主要有：经常擦洗叶片，保持花卉的清洁卫生；适当追施氮、磷、钾，合理搭配的化学肥料，增加营养；经常喷水和浇水，供应水分，增加环境的湿度，维持花卉的正常生长；根据花卉的生态习性和室内摆放的位置，经常调换。

〔相关知识部分〕

单元 6

常见园林树木

6.1 观赏树种

(1) 松树类

1) 白皮松　松科，松属（见图 6—1）。幼时树皮光滑、灰绿色，长大后树皮呈不规则的薄片状脱落，露出淡黄绿色的新皮，老则树皮呈灰白色；一年生枝灰绿色，无毛；冬芽红褐色，卵圆形。针叶 3 针一束，叶鞘早落。

2) 马尾松　松科，松属（见图 6—2）。树皮红褐色，鳞片状开裂；小枝淡黄褐色，无毛；冬芽圆柱形，棕红色。针叶 2 针一束，细软；叶鞘宿存。长江下游自然分布于海拔 700 m以下的山地。

3) 黑松　松科，松属（见图 6—3）。树皮灰褐色，块状开裂，一年生枝淡褐黄色，无

图 6—1　白皮松

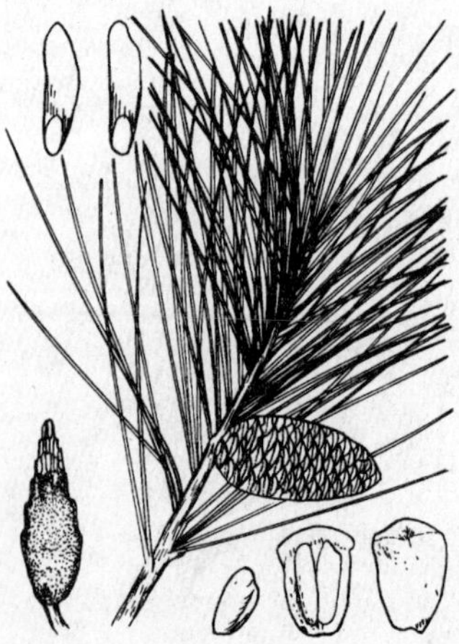

图 6—2　马尾松

毛，冬芽银白色，圆柱形。针叶 2 针一束，粗硬；叶鞘宿存。原产日本、朝鲜。马尾松分布区均可生长，长势旺盛。

4）雪松　松科，松属（见图 6—4）。树皮深灰色，鳞片状开裂，具长短枝。叶不成束，在长枝上螺旋状散生，在短枝上簇生。

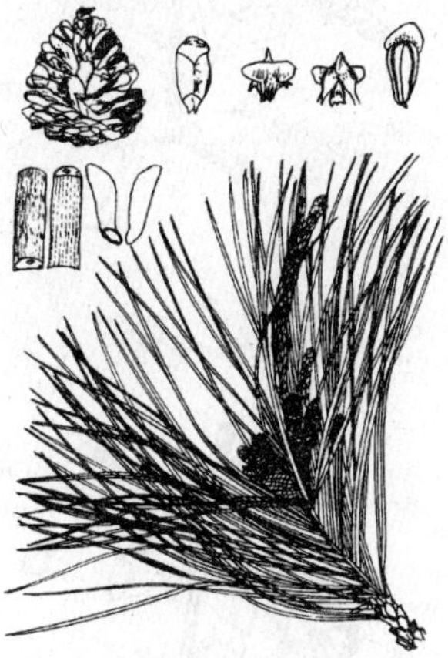

图 6—3　黑松

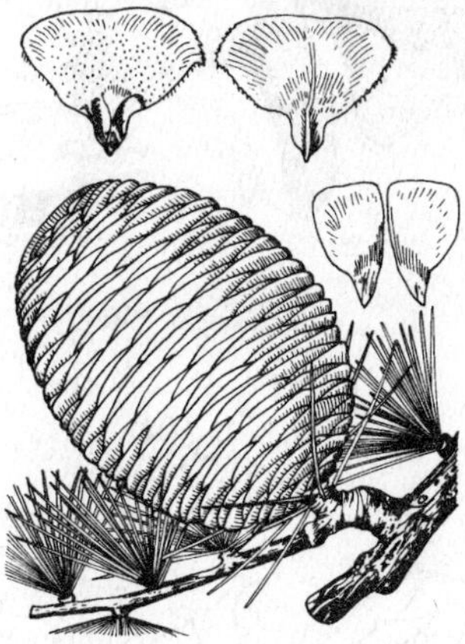

图 6—4　雪松

（2）银杏

又名白果树、公孙树。

银杏科，银杏属（见图 6—5）。落叶乔木；树皮灰褐色，深纵裂；树冠圆锥形，具长短枝；冬芽卵圆形，先端钝尖。叶互生（在短枝上簇生状），扇形，先端波状缺刻或二裂，有长柄，淡绿色，秋后转鲜黄色，叶脉二叉分歧。雌雄异株。种子具长柄，近圆球形，外种皮肉质、黄色、有臭味，中种皮骨质、白色，内种皮膜质，9—10 月成熟。

（3）玉兰

木兰科，木兰属（见图 6—6）。落叶乔木，树皮淡灰褐色，冬芽大，密被淡灰黄色绒毛，幼枝被毛，小枝淡灰褐色，具环状托叶痕，单叶互生，倒卵形或倒卵状矩圆形，先端短突尖，或短渐尖，背面被柔毛，全缘。花大而白色，顶生、花被片 9 枚，排成 3 轮，纯白或基部带紫红纵条纹。聚合果成不规则圆筒形，果柄有毛，种子鲜红色。3 月先于叶开花，9 月果熟。

二乔玉兰（又名朱砂玉兰）（见图 6—7）　落叶乔木，树干常自基部分枝，成多主干形。花被片 9 枚，排成 3 轮，外轮花被片略短，花被片外面呈紫色，内面呈白色。花色深浅变化很大，依花色深浅，分深紫和浅紫 2 个类型。花期比玉兰略迟几天。

（4）海棠类

1）垂丝海棠　蔷薇科，苹果属（见图 6—8）。树冠疏散，枝较开展，具长短枝；冬芽卵圆形，较圆。叶狭长、质较厚、缘齿细而钝，表面暗绿色常带紫晕。花排成伞形花序，生于短枝顶端；萼片比萼筒短，先端钝，花柱 4～5，花梗细长下垂，花色红艳，果倒卵形，直径 6～8 mm，略带紫色，花期 3 月下旬至 4 月上旬，花叶同放。

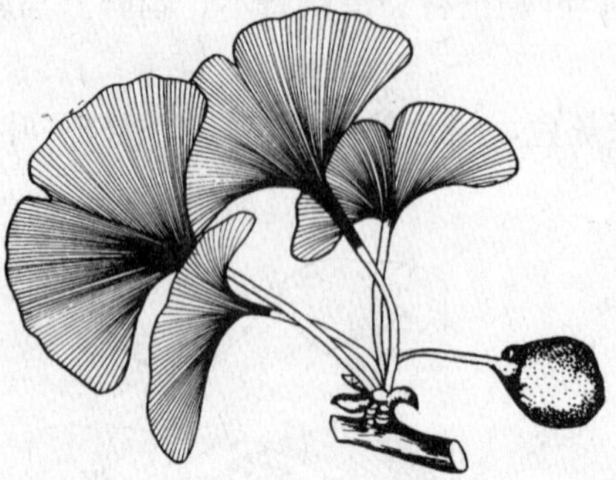

图 6—5　银杏

图 6—6　玉兰

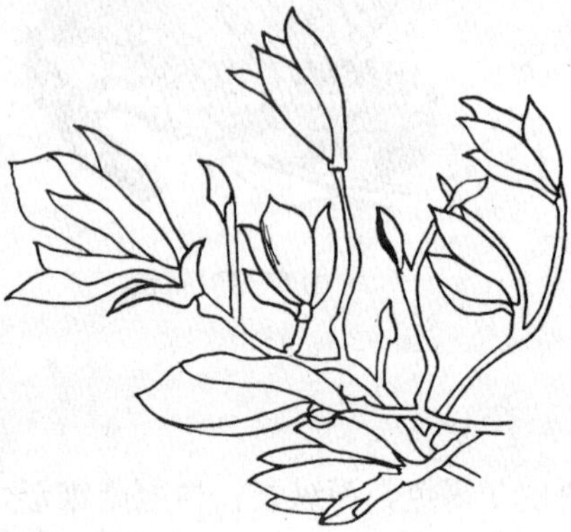

图 6—7　二乔玉兰

图 6—8　垂丝海棠

2）湖北海棠（野海棠）　蔷薇科，苹果属。树形与垂丝海棠相似，但叶缘锯齿细锐。萼片三角状卵形，先端尖，与萼筒等长或稍短，花浅粉红色，或近白色；花柱 3 个；果近球形，直径约 1 cm，黄绿色稍带红晕。

3）西府海棠　蔷薇科，苹果属（见图 6—9）。树姿端直，枝直立，小枝紫色；冬芽三角形，较扁。叶宽质薄，缘齿尖锐。花梗略短而不下垂，花初放色浓，及开渐淡，雌蕊柱头 5 个；萼片先端尖，与萼筒近等长；果径 1～1.5 cm。

4）贴梗海棠　蔷薇科，木瓜属（见图 6—10）。落叶灌木，枝直立，侧枝多呈棘刺状，具长短枝。叶椭圆状卵形；托叶大，半圆形，有重锯齿。花萼长筒状，花色丰富，花期 3—4 月。

5）日本海棠　蔷薇科，木瓜属。落叶小灌木，下部枝条匍状，有棘刺，具长短枝。叶倒卵形，托叶半圆形，花萼筒状较短，花色砖红，花期 4 月，以后直至秋季均有少量着花。

(5) 桂花

木樨科，木樨属（见图 6—11）。常绿小乔木，或呈灌木状，树冠球形；树皮灰色，光滑，皮孔明显；幼枝黄绿色；冬芽褐色，2～3 芽叠生叶腋。叶对生，革质，具光泽，椭圆形至椭圆状披针形，先端尖或渐尖、基部楔形，全缘或有锯齿。花序簇生于叶腋，花梗纤

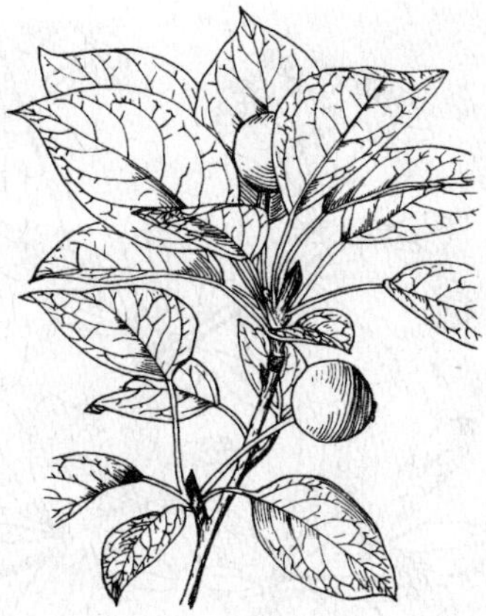

图 6—9 西府海棠

图 6—10 贴梗海棠

细，花多数着生于当年生新梢叶腋内，2～3 年生枝的叶腋内也有少量着花；每一叶腋内有 1～2 个花序，每花序有小花 5～13 朵组成聚伞花序；花期 9 月下旬至 10 月上旬；花色有白、黄、橙红等色，花冠 4 个深裂，裂片凹头，质稍厚，椭圆形，端圆，具香味。核果椭圆形，4 月成熟，紫黑色至蓝黑色。

栽培品种有：

1）金桂 树冠高大，圆头形，枝条直立，枝叶浓密。叶稍厚而质硬，长椭圆形，叶面向上折后叶缘稍反卷，全缘或先端具锯齿。叶脉明显，新叶紫红色。花多着生于春梢叶腋内，花芽 3 个叠生为多，多数先后同时开放，每花序有小花 9～13 朵，但着生于二年生枝腋内的花序仅有小花 3～5 朵。花色金黄，香气浓郁，花朵易脱落，产花量高，花期早，花期 9 月下旬至 10 月上旬。

2）银桂 树形中等，枝叶稍疏，叶椭圆形或长椭圆形，全缘，或中部以上有浅齿牙，新叶古铜色，花芽多 2～3 芽叠生，每花序小花多为 7～9 朵，花呈淡黄色或乳白色，花期早的比金桂早，如早银桂；花期晚的比金桂略迟，如晚银桂。

3）丹桂 树形高大，枝条直立，树冠圆锥形或椭圆形，叶全缘或有细锯齿，新叶紫红色，花色橙红，花香不浓。

4）四季桂 树冠椭圆形，生长强壮，枝叶密集。叶形较大，淡绿色或黄绿色，椭圆形，或椭圆状阔卵形，全缘或先端具锯齿，叶面平展下垂，中脉明显，嫩叶嫩绿色或黄绿色。花期四季常开，但开花量不多，以秋季开花最多；花白色至淡黄色，香味淡，花朵易脱落。

（6）火棘

蔷薇科，火棘属（见图 6—12）。常绿灌木，枝幼时有锈色短柔毛，短侧枝常成棘刺。单叶互生，倒卵形至倒卵状长椭圆形，缘有圆钝锯齿，花白色，排成复伞房花序，着生于当年生枝基部叶腋。花果近球形，成熟时呈红色。花期 5 月，9—10 月果熟，冬季宿存。

图 6—11　桂花

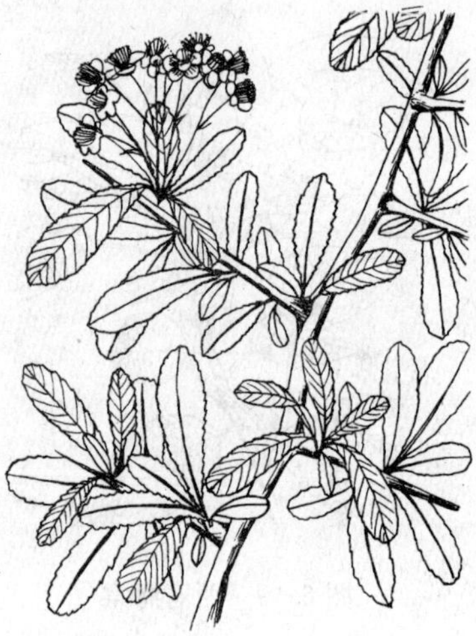

图 6—12　火棘

6.2　行道树树种

（1）悬铃木

悬铃木科，悬铃木属（见图 6—13）。落叶乔木；树皮灰绿色，薄片状剥落，内皮灰白色，较醒目。幼枝、幼叶有褐色星状毛，后脱落，芽套于叶柄基部内，叫叶柄下芽。叶互生，掌状开裂；秋叶转红褐色。花单性同株，聚花果球形，多为 2 个一串，10 月成熟，宿存，翌春 4—5 月种子自然散出。

（2）加拿大杨

杨柳科，杨属（见图 6—14）。落叶乔木，高可达 30 m 以上。树皮老时纵裂；小枝近圆形或微有棱，黄棕色；芽光滑无毛，小枝顶芽发达；冬芽大，圆锥形，有黏性，端尖或反曲；单叶互生，叶三角状卵形。基部截形，边缘有圆钝锯齿，无毛；叶柄有时具 1～2 腺体。花期 3—4 月；5 月中旬果熟。

（3）樟树（香樟）

樟科，樟属（见图 6—15）。常绿乔木，树皮棕褐色，纵裂；树冠圆球形，单叶互生，薄革质，离基三出脉，脉腋有腺体。

6.3　绿篱树种

（1）黄杨类

1）大叶黄杨（正木）　卫矛科，卫矛属（见图 6—16）。常绿灌木，小枝绿色，略呈四棱形。单叶对生，叶椭圆形或倒卵形，边缘有钝齿。花绿白色，聚伞花序腋生，蒴果扁球形，粉红色。有金边、银边、金心等栽培变种。适合作中篱用。

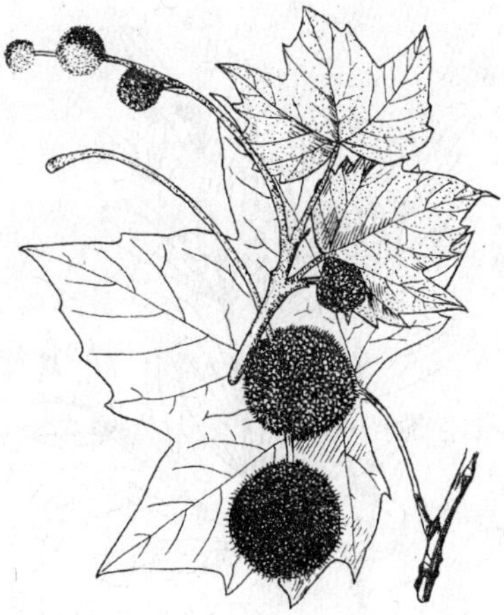

图 6—13　悬铃木

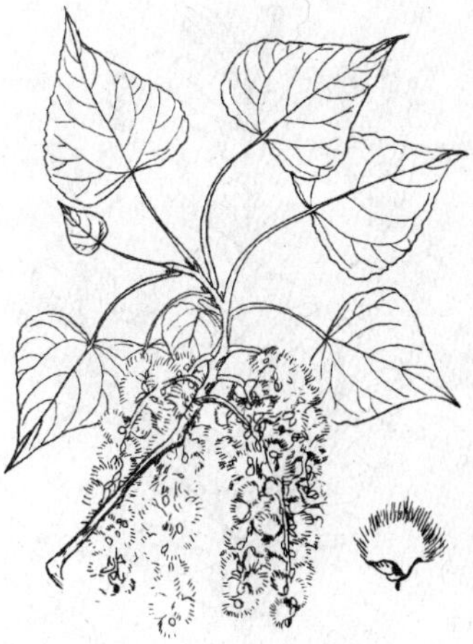

图 6—14　加拿大杨

图 6—15　樟树

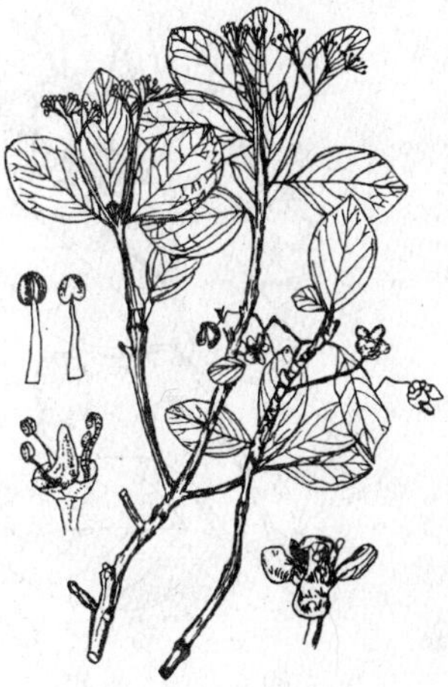

图 6—16　大叶黄杨

2）瓜子黄杨　黄杨科，黄杨属（见图 6—17）。常绿灌木，小枝黄绿色，有四棱，被短柔毛。单叶对生、革质、全缘、倒卵形、有的顶端微凹。花簇生，花小，蒴果。生长较慢，适合作矮篱用。

3）雀舌黄杨　黄杨科，黄杨属（见图 6—18）。常绿灌木，叶狭长，倒披针形。应用似瓜子黄杨。

（2）女贞

木樨科，女贞属（见图 6—19）。常绿乔木，叶对生，革质，卵形，全缘。花白色，顶生圆锥花序，核果椭圆形，熟时呈蓝黑色。

（3）桧柏（圆柏）

柏科，圆柏属（见图 6—20）。树冠尖塔形，树皮灰褐色，纵裂；生鳞叶小枝近方形。叶二型，鳞叶常存在于树冠的中上部，刺叶常位于树冠基部。

图 6—17　瓜子黄杨

图 6—18　雀舌黄杨

图 6—19　女贞

图 6—20　桧柏

6.4　攀缘树种

（1）紫藤

豆科，紫藤属（见图 6—21）。落叶藤本，以茎缠绕攀缘生长。枝灰褐色，无毛。奇数羽状复叶，互生，小叶通常 11 枚，卵状长圆形至卵状披针形，长 5～8 cm，宽 1.5～3 cm，先端突尖，基部广楔形或圆形，全缘。侧生总状花序下垂，长 15～30 cm，密生银灰色绒毛，内有种子 1～5 枚。花期 3 月下旬至 4 月，花色淡蓝紫色，有白色变种。

（2）蔷薇

蔷薇科，蔷薇属（见图 6—22）。常绿藤本，以皮刺攀缘。奇数羽状复叶互生，小叶常为 7 枚，托叶梳状，与叶柄基部合生，宿存。花粉红色，重瓣，花期 4 月下旬至 5 月中旬，可用于花架、墙面、竹篱的绿化。

图 6—21　紫藤

图 6—22　蔷薇

（3）爬山虎

葡萄科，爬山虎属（见图 6—23）。落叶藤本，以卷须先端膨大特化的吸盘攀缘。叶互生，叶形多变，自枝条基部至先端，或不同单株，常可见三出复叶、三裂和卵形 3 种叶形，秋叶红色。

（4）凌霄

紫葳科，凌霄属（见图 6—24）。落叶木质大藤本，借气生根攀缘他物上升。树皮灰褐色，呈细条纵裂。小枝紫褐色。小叶 7～9 枚，卵形或长卵形，长 3～6 cm，端渐尖，缘有疏齿 7～8 对。聚伞花序圆锥状，顶生，花冠唇状漏斗形，短而阔，鲜红色或橘红色，裂部径 7～8 cm。蒴果先端钝。种子扁平，多数。

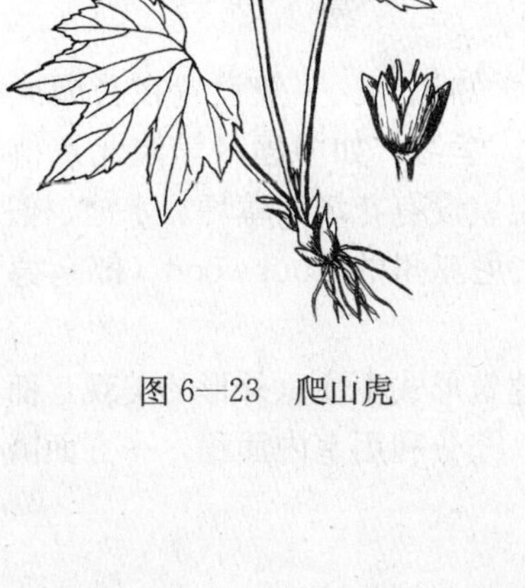

图 6—23　爬山虎

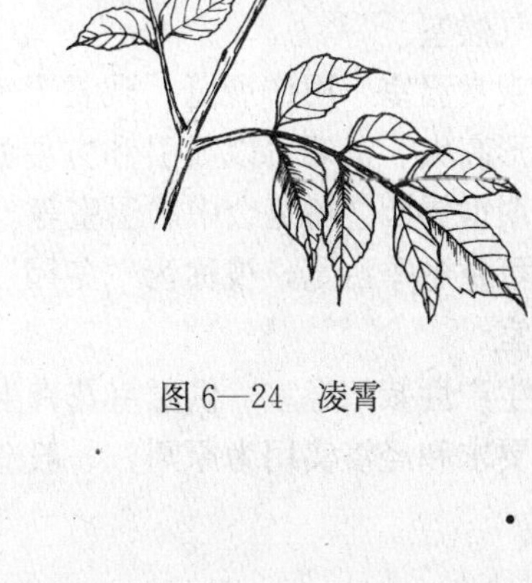

图 6—24　凌霄

〔设备和工具知识部分〕

单元 7

花卉栽培设施

7.1 温室

温室是温室花卉栽培中最重要、对环境因子调控最全面，应用最广泛的栽培设备。国外花卉生产大多已在温室中完成，温室大型化、温室结构标准化、温室环境调节自动化、栽培管理机械化、栽培技术科学化、花卉生产专业化和工厂化等已是国际花卉生产的主流。我国温室面积也在迅速增长，但与国际上花卉生产大国仍有一段较大差距，需要大力发展。

（1）温室的主要作用

1）进行商品化生产，作到花卉周年均衡供应　随着经济的发展，社会的进步，人们必然要求花卉能够做到周年供应。在冬春季寒冷季节，在自然条件不适合于植物生长的地方，应用温室创造适于植物生长的环境栽培花卉，可在缺花季节供应鲜花，满足需要。

2）栽培热带和亚热带植物　它们的原产地气温较高，年温差较小，如在温带地区栽培，必须设置温室以满足冬季对温度的要求，才能正常生长。

（2）温室的种类

依据不同的分类标准，温室有不同的分类。

1）依应用目的分类，有观赏温室、生产性栽培温室、繁殖温室、促成或抑制栽培温室和人工气候室。

①观赏温室　用作展览、观赏温室花卉，普及科学知识等。一般设置在公园或植物园内，外形高大、美观，以吸引和方便游人流连、欣赏、学习，如中国科学院北京植物园温室、昆明世界园艺博览会中的温室等。国外一些大型温室设有花坛、草坪、水池、假山、瀑布等，可供冬季游览，被称为“冬园”，如美国宾夕法尼亚州的 Longwood（郎乌德）花园的大温室。

②生产性栽培温室　供温室花卉生产栽培为主，建筑形式不注重外形的美观，而以适合于栽培要求和经济实用为原则。一般造型低矮、简洁，充分利用室内面积，一方面减少热能

消耗，另一方面降低生产成本。又可按所栽培花卉的不同分为切花温室、盆栽温室等。

③繁殖温室　专用作大规模繁殖。为维持较高的湿度和稳定的温度环境，多采用半地下式。

④促成或抑制栽培温室　主要用于花卉的催延花期，以保证周年供应。此类温室一般要有较完善的设施，如温、湿度调节，遮、补光，CO_2的增施等。

⑤人工气候室　室内的全部环境条件均由人工控制，已经过专供科学研究逐渐进入商业性生产领域。

2）依温室温度分类，有高温温室、中温温室、低温温室和冷室，见表 7—1。

表 7—1　温室按温度分类

种类	温度范围（℃）	适宜花卉
高温温室	18～36	一品红、扶桑、米兰、三角花、变叶木、龙吐珠、热带兰
中温温室	12～20	白兰花、小苍兰、马蹄莲、吊钟海棠、令箭荷花、仙客来、朱顶红、文竹、天竺葵
低温温室	7～16	四季海棠、瓜叶菊、蒲包花、香石竹、百子莲、五色梅、茉莉、蒲葵
冷室	0～10	万年青、一叶兰、八仙花、天门冬、杜鹃、五针松、棕竹、伞草

3）依栽培花卉种类分类。花卉种类不同，对环境的要求也不同，为满足其特殊要求，需要设立一些专类温室进行分类栽培，见表 7—2。

表 7—2　温室按栽培植物分类

种　类	特　点
兰科温室	要求高温、蔽阴
蕨类温室	要求蔽阴、湿润
仙人掌类及多浆植物温室	要求阳光充足、干燥
秋海棠温室	要求温暖、湿润
棕榈温室	要求高大、遮阴、通风好
食虫植物温室	要求高温、高湿
热带水生花卉温室	要求高温、高湿

4）依温室结构形式分类。温室的结构形式由其用途所决定，观赏温室的造型美观、形式多样，可采用方形、圆形、多角形、半圆形、不规则形等。而生产温室对外形美观性要求低，基本形式有单屋面温室、双屋面温室、不等屋面温室、连栋温室 4 类，如图 7—1 所示。

①单屋面温室　温室屋顶只有一向南倾斜的玻璃屋面，其北面为墙体。

②双屋面温室　温室屋顶有 2 个相等的玻璃屋面，通常南北延长，屋面分向东西两方，但也偶有东西延长的。

③不等屋面温室　温室屋顶具有 2 个宽度不等的屋面，向南一面较宽，向北一面较窄，两者比例为 4∶3 或 3∶2。

④连栋温室　又名连续式温室，由相等的双屋面或不等屋面温室借纵向侧柱或柱网连接起来，相互通连，可以连续搭接，形成室内串通的大型温室。

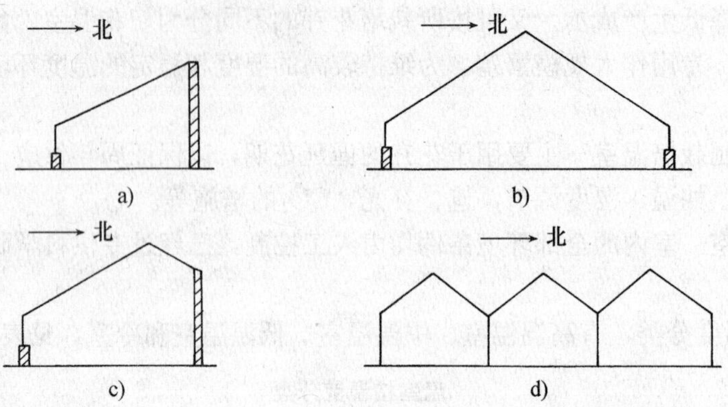

图 7—1　温室按结构形式分类

a）单屋面温室　b）双屋面温室　c）不等屋面温室　d）连栋温室

5）依温室在地面设置的位置分类，包括地上式、半地下式、地下式，如图 7—2 所示。

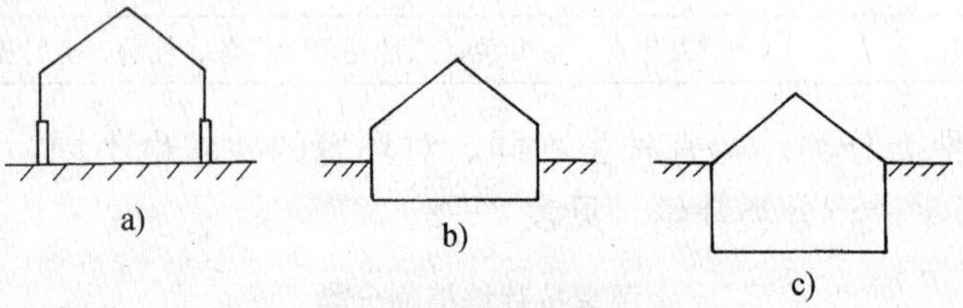

图 7—2　温室按地面设置位置分类

a）地上式　b）半地下式　c）地下式

①地上式　室内与室外地面近于水平。

②半地下式　四周短墙深入地下，仅侧窗留于地面以上，这类温室保温好，室内又可维持较高的温度。

③地下式　仅屋顶凸出于地面，无侧窗部分，只由屋面采光，此类温室保温最好，也可保持很高的湿度；其缺点为日光不足，空气不流通，适于北方严寒地区及要求湿度大及耐阴的花卉，如蕨类植物、热带兰花等。

6）依温室维持温度的方法不同分类，包括不加温温室和加温温室。

①不加温温室　不加温温室也称日光温室或冷室，是利用太阳辐射维持室内温度。若加强保温设施，可作低温温室。

②加温温室　除利用太阳辐射，还采用热水、蒸汽、烟道、电热等人为加温方法提高室内温度，又以前 3 种加温方法为常见。

7）依建筑材料区分类，可分为以下 5 种：

①土温室　北方冬季无雨季节使用，南方一般没有。墙体用泥土夯实筑成。

②木结构温室　结构简单，一般使用年限 15～20 年，但保温性差。

③钢结构温室　柱、屋架、门窗框均由钢材制成，坚固耐用，一般可用 20～25 年。但造价较高，钢材易腐蚀，且常因热胀冷缩，导致玻璃破碎。

④铝合金结构温室　结构轻，强度大，密闭度高，能建大型温室，是国际上大型现代化温室的主类型之一，可使用25～30年。

⑤钢铝混合结构温室　屋面窗框以及与外界接触部分用铝合金构件，柱、屋架用防锈钢材，兼顾钢结构温室和铝合金结构温室两者的优点，且造价较低，是现代化大型温室的发展方向。

8）依屋面覆盖材料区分类，有玻璃温室和塑料温室。

①玻璃温室　大多用3 mm普通玻璃作屋面覆盖材料，个别易受雹害的地区，可采用钢化玻璃。因透光率高，使用年限长，因此较常用。

②塑料温室　造价低，设置容易，因塑料工业的发展，出现大量优质塑料板材（如玻璃纤维塑料板、聚氯乙烯塑料板、丙烯硬质塑料板等），国际上大型现代化温室多用塑料板材覆盖，但国内仍较多应用塑料薄膜。

（3）温室的附属设施

温室工作是复杂的，必须有一个工作管理室，以便进行有条不紊的工作。

1）种子房、种子橱及药剂橱、操作台等　温室花卉种类繁多，品种花色复杂，为了保持采收的种子不混杂，不发霉，不变质，应认真执行种子管理制度。有条件的地方可在高干燥、通风的地方建种子房；无条件的地方也要设种子橱，对种子严格管理。寿命短的种子要保存在低温、低湿、低氧的地方，以延长其寿命。

温室内使用的杀虫、杀菌农药，植物激素，少量无机肥料，以及天平、量筒、量杯等，在较大温室群中都要合理安放，方便取用，因此，有条件的要设置药剂橱及操作台。采用无土栽培的，也要有配制营养液、测量土壤酸碱度的设施。

2）操作室　温室内的上盆、翻盆、扦插、修剪等工作都应在操作室内进行。操作室应与温室相通而分隔开来，以免操作时尘土飞扬，污染植株，影响植物生长，又可避免残枝落叶杂乱从而影响温室的清洁与美观。室内可放些常用的工具。

3）土壤储藏室及土壤消毒器　在温室工作中，经常需要用培养土。配制培养土的各种材料应事先储备、筛好、晒好，分别放入储藏室内，留待随时取用配制。储藏室的地点应靠近温室，或连在温室群的北面，室内用木板或水泥板将各种土壤、肥料隔开，为随时取用提供方便。

温室培养土在使用前应消毒，北京植物园设计的土壤消毒器如图7—3所示。

土壤消毒器的制作，可用厚5 mm的钢板，锅身不宜太大，以不超过0.5 m^3容积为宜，以免太笨重搬动不便。在有暖气的情况下，可采用图7—3a中所示的装置，使用时将土壤装满密封，从下面通入蒸汽即可消毒。如无暖气锅炉时，可采用图7—3b中所示的装置，即在下部蒸锅内放满水，底部加火，使产生蒸汽消毒。锅盖上放置一个200℃的温度计。一般保持100～120℃，约经1 h，土壤就能充分消毒。

4）晒场　晒场主要是为了晒干各种土壤用的。晒土既起到消毒的作用，又便于储藏。晒场宜设置在阳光充足、离土壤储藏室不远的地方。上海栽花业通常以温室群前面的道路作晒场用，可收一物两用之效。至于晒场的建筑材料，则以水泥为好。

5）盆库　花盆在花卉生产中经常使用，而且规格多，数量大，即使短期不用也要有储

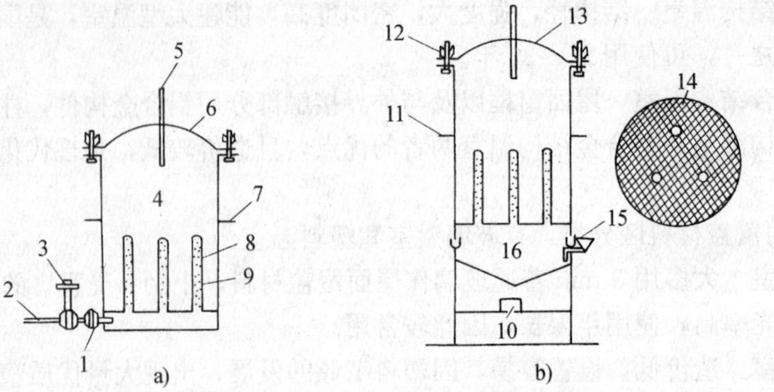

图 7—3　土壤消毒器

1—活接头　2—通气管　3—阀门　4—锅身（装土）　5—温度计（200℃）　6，13—锅盖　7，11—提手　8—喷气孔　9—喷气管（φ2 mm）　10—火门　12—螺栓（四周 6 个）　14—喷气管断面　15—灌水漏斗　16—蒸锅（水）

存备用，因此要设一个适当的安置场所。质地好的花盆放室内，粗放的放室外，但都要分规格、集中放置，以便取用。盆库的地点宜设在蔽阴处。

6）料库　料库用来放置车辆、篮筐、塑料布、塑棚支架、竹竿、铅丝、棕绳以及芦帘、草帘等。放置这些经常使用或不经常使用的材料，要作到储藏期间不变质，使用时取用方便。

7）液肥池、堆肥及垃圾场　这些应设在温室地区之外，围上绿篱加以掩蔽。液肥池要加盖，以防氮肥散失及影响卫生。

7.2　温床和冷床

温床和冷床是一种结构简易、园艺栽培上广泛使用的设施。只利用太阳的辐射热来保持一定的温度，而没有加温的设施，这便是冷床。温床除利用太阳辐射热外，还需要有人工加温设施以弥补太阳辐射热的不足。两者在形式、结构上基本相同。

（1）温床和冷床的作用

1）提前播种，提早花期　春季露地播种花卉常因气候的不稳定而影响出苗和成苗。在温床或冷床中播种可以保证出苗率，还可以视需要提早播种，幼苗提早定植园地，使植株提前开花。

2）促成栽培　在冬季栽植春季开花的球根花卉如水仙、风信子、蓝壶花、郁金香、百合等，可在冷床内进行促成栽培，也可将秋季露地播种的幼苗冬季时移入冷床或温床中使之在冬春开花；在温暖地区也可在冬季播种，使之在春季开花。当前，为了满足切花的需要，也常应用温床、冷床，促成栽培。

3）保护越冬　有些稍耐寒的盆花如天竺葵、万年青，以及盆栽花木、树桩盆景等，为了预防意料之外的恶劣气候或人为因素的损伤，可在冷床中保护越冬。

4）移栽幼苗　在温室、温床育成的花卉幼苗，于定植露地前先移植冷床中给予锻炼，这种过渡性移栽，便于幼苗适应露地的环境条件，利于栽培成功。

5）扦插繁殖　利用温床和冷床周年均可进行扦插、压条、嫁接等繁殖，如冬春季利用温床，夏秋季利用冷床，提高花卉的繁殖速度。

(2) 温床

1）温床的种类　根据所用材料不同而分为：

①砖温床　床框由砖石砌成，坚固耐用，是普遍使用的温床。

②水泥温床　床框由砖石砌成并用水泥浆粘接、镶嵌而成，坚固耐用，保温性能良好。

③木框温床　床框用木材制成，移动方便，一般作临时使用。

2）温床的加温　温床的加温方法有发酵、热水、蒸汽、电热等，常用的方法有发酵法和电热法。

①发酵加温　利用一些有机物并加入适量水分，适当压紧使之发酵分解逐渐发出热量使苗床增温。这种方法可使苗床很快升温达 50～60℃以上。具体做法是：将切碎的稻草填入苗床底部厚约 10～15 cm，其上压铺厚约 15 cm 的发酵有机物，边铺边踏实压紧，浇入少量的人粪尿液并浇水使有机物湿润为度，经 4～5 天，好气性微生物大量增殖、发酵产生热量，这时再踏实一次，而后铺上厚约 10 cm 的培养土，用温度计测试，待温度稳定后即可使用。常用的发酵有机物有稻草、树木的枯枝落叶、马粪、牛粪、禽粪等。

②电热加温　苗床底部填入厚约 15 cm 的煤渣，其上再铺厚约 5 cm 的粗沙，将电热丝平行曲折埋设在沙上，2 线相距 15 cm，一般在 4 m^2 的温床面积上有 20 m 加热线即可。最后，再覆盖 15 cm 的培养土即成。注意应选用电阻适中，发热 50～60℃，耗电量少的合金金属线，外包耐高温塑料绝缘的专用加热线。这种方法可维持 5～25℃的气温，土温可达 10～25℃。

电热加温可根据需要随时应用，并可长时间继续加温，不似发酵温床只能维持一段时间；使用方便，调节灵敏，可自控温度；不通电可作冷床使用；发热迅速，温度均匀。因为具有这么多优点，在电力充足的地区可推广应用。

温床框架上常覆盖草帘等物，以利保温，晴天时应揭去，还要适当开、闭玻璃窗，通风换气，调节温度和湿度。

(3) 冷床

冷床的结构和种类与温床相同，不同之处则是不进行人工加温。冷床的常用形式即阳畦，而且塑料大棚也是冷床的一种特殊类型，如图 7—4 所示。

7.3 其他保护地栽培设施

保护地是以塑料大棚和玻璃温室为主体的种植生产设施。除了温室、塑料大棚、阴棚、温床、冷床等设施外，保护地栽培设施还包括风障、地窖等。

(1) 风障

风障是比较简单的保护地类型。在我国北方常用于露地花卉的越冬，多与冷床结合使

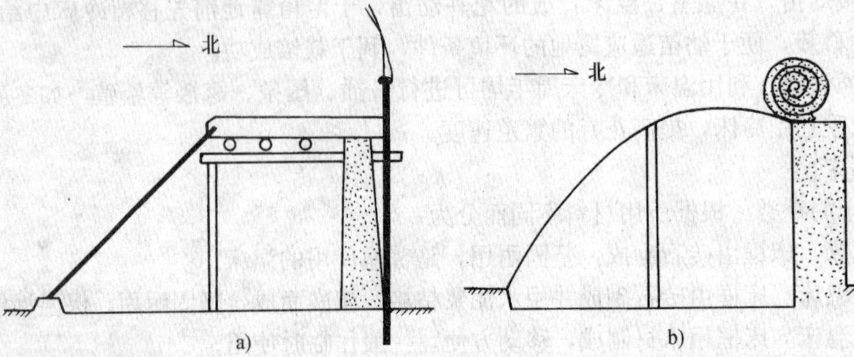

图 7—4　改良阳畦

a）玻璃改良阳畦　b）塑料薄膜改良阳畦

用，南方少用。

1）风障的作用　风障是利用各种高秆植物的茎秆栽成篱笆形式，以阻挡寒风、提高局部环境温度与湿度，保证植物安全越冬，提早生长，提前开花。

风障的防风效能极为显著，能使风障前近地层气流比较稳定，风障能充分利用太阳的辐射能，可提高风障保护区的地温和气温，因为风障增加了接受太阳辐射的面积，使太阳照射在风障上的辐射热扩散在风障前，而且因为气流稳定，风障前的温度容易保持。

一般风障能削弱风速 10%～50%，风速越大，防风效果越显著。通常能使五六级大风在风障前变为一二级风，风障前的温度容易保持。据测定，一般风障前气温夜间较露地高 2～3℃，白天高 5～6℃；当露地地表温度为－17℃时，风障畦内地表温度为－11℃，高出 6℃，以有风晴天增温效果最显著，无风晴天次之，阴天不显著，距风障越近，温度越高。

风障还有减少水分蒸发和降低相对湿度的作用，形成良好的小气候环境。冬天风障前的土壤结冻晚，而且结冻深度浅；在春天解冻早，风障前 3 m 范围内土壤解冻时间比露地早 20 天左右。在风障保护下的耐寒花卉，如芍药、鸢尾等可提早花期 10～15 天。在花卉生产上，风障常与冷床、温床配合使用，以提高保温能力。在我国北方，冬春晴朗多风的地区，风障很有发展前景。

2）风障的设置　依结构不同，分为有披风风障和无披风风障两种。前者防寒作用大。花卉栽培常用有披风风障。其结构分以下 3 部分：

①篱笆　篱笆是风障的主要部分，一般高 2.5～3.5 m，东西延长设置，向南倾斜，与地面成 73°～80°。风障越长，设置排数越多，其防风增温作用愈强。各排风障之间应有一定距离，过近时妨碍日照，过远又减低防寒作用。据北京花农的经验，风障之间的距离以风障高度的 2 倍为宜。在大规模花卉栽培中，常设置许多排风障组成风障区，为进一步增强防风保温效果，在风障区的东、南、西 3 面埋设围篱。

篱笆材料用高秆作物的茎秆构成，如高粱秆、玉米秸、芦苇、细竹等。以芦苇最好，特别是旱苇韧性强，能忍受强风吹击而不致折断。篱笆的埋设方法为：挖深约 30 cm 的东西长沟，栽入篱笆，填土压实。

②披风　是附在篱笆北面的柴草，用以增强风障挡风、保温的性能。披风材料常用荻草（红草）和稻草。披风高1.3～1.7 m，其下部与篱笆基部一并埋入沟中，中部用横秆扎于篱笆上。一般情况下，披风设置于篱笆后约半米处。

③基梗　为风障北侧基部培起来的土梗。用以固定风障及增强保温效能，通常高约17～20 cm。

在北京地区，一般在10月底至11月初设置风障。次年3月下旬天转暖去掉披风，以利通风。4月上旬至4月下旬，只留最北面一排风障，余者拆除。到5月上旬可全部拆除。

（2）地窖

地窖又名冷窖，是冬季防寒越冬最简易的临时性保护地。常用以弥补冷室及冷床的不足，在北方地区应用较多，常用于不能露地越冬的宿根、球根、水生花卉、花木等的保护越冬。地窖通常深约1 m，宽约2 m，其长度视越冬植物的数量而定。挖窖时间一般在霜降前后至入窖前。

1）分类　地窖依在地面设置位置分为地下式与半地下式两类。地下式地窖全部深入地面下，仅窖顶在地面以上；半地下式一部分在地面以下，一部分高出地面，高出部分由挖出的泥土筑成土墙，上设窖顶。地下式者保温良好，但在地下水位较高及过湿地区不宜采用。

2）形式　窖顶形式有人字式、平顶式和单坡式3种。单坡式的北面较南面高约20 cm，窖内温度较平顶式为高；人字式地窖中部较高，工作和出入较为方便，多用于有出入口的地窖。

3）设置窖顶的方法　一般先用木料作架，相距1 m左右设置1根，其上覆高粱秆或玉米秸，10～15 cm，最上再盖以土层，初入窖时天气尚暖，为防窖内闷热，覆土最初宜薄，至冰冻封地前再完全加厚，在窖的一端或南侧可设出入口（活窖），以便出入，如在冬季不需要进入窖内时，可以不设出入口（死窖），以保持窖内温度稳定而温暖。为调节窖内温度，常设置通气口，初入窖时气温尚高，可开通气口通气，随天气渐冷，逐渐封闭通气口。春天气温回升，也需逐渐打开通气口，以免因窖内闷热，植物受损害。

4）使用　入窖植株通常带土球叠放窖内；盆栽者将花盆叠放即可；较大的花木如裸根时，应栽于窖内土壤中，入窖植物不需浇水，也不需其他任何管理。大雪之后窖顶积雪时，应及时扫去。待春天天气转暖，逐渐去掉覆土，以至全部去除窖顶，锻炼几天后，就可取出栽培或栽植。

单元 8

花卉栽培设备和器具

8.1 灌溉设备

园林灌溉主要是指城市园林绿地、公园、运动场（如足球场、高尔夫球场等）的草坪、园林乔木、灌木、温室、大棚及花卉的灌溉。园林灌溉根据要求不同一般采用喷灌和微灌的方式，此外还有用于提高空气湿度、降低温度的喷雾。

由于城市绿地、公园、运动场草地、园林乔灌木的特殊用途以及较高的观赏性，一般不可采用漫灌、渠灌等原始的地面灌溉方式。而喷灌、喷雾和微灌因其喷洒均匀、喷量容易控制并可实现自动化，对土质、地形、坡度等有较好的适应性，可保持土壤的团粒结构，避免水土流失，营造小气候等优点，越来越多的在园林灌溉上得到应用。同时，由于高科技的应用、喷洒装置的艺术设计以及喷水造型不断翻新，园林喷灌已成为园林景观绚丽多姿的一部分。

实现喷洒、喷雾灌溉必须配备有水源以及一整套从给水加压到喷洒的专门设备。把喷灌设备和水源工程联系起来，以实现喷洒、喷雾灌溉的一种水利设施，称为喷灌系统、微灌系统和自动化灌溉系统。

（1）喷灌系统

1）喷灌系统的组成　喷灌系统由水源、水泵与动力、管路系统、喷洒器（喷头）等组成。先进的喷灌系统还可设置自动控制系统以实现喷灌作业的自动化。

①水源　城市绿地一般采用自来水为喷灌水源，有条件的也可用井水或自建水塔供水。

②水泵与动力　水泵是对水加压的设备，水泵的压力和流量取决于喷灌系统对喷洒压力和水量的要求。园林绿地一般有市电供应，可选用电动机为动力，无电源处可选用汽油机、柴油机为动力。

③管路系统　输送压力水至喷洒装置。应能承受系统的压力和要求的流量。应根据经济流速的要求和水在管中流动的压力水头损失不大于喷头压力的 20%的原则选择输水管的内径。管路系统除管道外还包括一定数量的弯头、三通、旁通、闸阀、接头、堵头等附件，以满足管网布置的要求。

④喷洒器（喷头）　把具有压力的集中水流分散成细小水滴，并均匀地喷洒到地面的一

种喷灌专用设备。

⑤控制系统　在自动化喷灌系统中，按照预先编制的控制程序和植物需水要求的参量，自动控制水泵启、闭和自动按一定轮灌顺序进行喷灌所设置的一套控制装置称为控制系统。

2）喷灌系统的类型　按管道可移动程度可分为固定式、半固定式和移动式 3 类。

①固定式喷灌系统　除喷头可移动外，其余部分固定不动。园林草坪地埋式喷头一般也不移动。水泵和动力构成固定的泵站，干管和支管多埋在地下。

②半固定式喷灌系统　除喷头外支管也可移动。

③移动式喷灌系统　除水源外其余部分均可移动。把可移动部分安装在一起，构成一个整体，称为喷灌机组。其水泵、动力、喷洒系统均安装在手推车上形成喷灌机，铝合金管道之间用快速接头连接，可以随意移动和组装。在某一地点喷完后可将喷灌机和管道全部移到下一地点，但喷灌地点附近必须设有水源。

3）喷灌系统的主要参数　园林喷灌要达到灌溉目的，必须符合一定技术要求。喷灌系统的技术要求主要以喷灌强度、喷灌均匀度和水滴打击强度 3 个指标来表示。

①喷灌强度　喷灌强度是指单位时间内喷洒在单位面积上的水深，一般用每小时毫米数、每秒毫米数来表示。

在一定时间内喷洒在某一点土壤表面的水深称点喷灌强度，各点喷灌强度的平均值为平均喷灌强度。喷灌系统的平均喷灌强度应小于土壤渗水速度，以避免积水或产生径流。土壤渗水速度除与土壤质地有关外，还随水滴大小、水滴降落速度及喷水深度变化而变化。各类土壤的允许喷灌强度见表 8—1。当喷灌地面的坡度大于 5%时，允许喷灌强度应按表 8—2 进行折减。

表 8—1　　各类土壤的允许喷灌强度

土壤类别	允许喷灌强度（mm/h）	土壤类别	允许喷灌强度（mm/h）
沙土	20	壤黏土	10
沙壤土	15	黏土	8
壤土	12		

表 8—2　　坡地的允许喷灌强度降低值

地面坡度（%）	降低值（%）	地面坡度（%）	降低值（%）
5～8	20	12～20	60
8～12	40	＞20	75

②喷灌均匀度　喷灌均匀度指喷灌范围内水量分布的均匀程度。它是衡量喷灌系统喷洒质量好坏的主要指标之一。与喷头结构、工作压力、喷头布置形式、喷头距离、喷头旋转均匀性、竖管的倾斜度、地面坡度以及风速风向有关。

喷灌系统的喷灌均匀度系数不应低于 75%，行喷系统不应低于 85%。

③水滴打击强度　水滴打击强度指单位受水面积内，水滴对植物或土壤的打击强度。它与喷洒水滴的大小、降落速度和密度有关。水滴打击强度难以测定，对该指标的测量需要进

一步试验研究，故一般采用如水滴直径大小和雾化指标等一些相近指标来代替。雾化指标是指喷头工作压力水头（单位 m）和主喷嘴直径（单位 m）的比值，一般花卉对雾化指标的要求是4 000～5 000（适用于主喷嘴为圆形且不带碎水装置的喷头）。

4）喷灌系统各组成部分

①水泵　水泵是喷灌系统重要的组成部分，为喷灌系统从水源提水并加压。喷灌系统常用水泵有喷灌专用的离心泵、井泵、微形泵、真空泵等。泵的基本性能参数是用来表示泵性能的一组数据，包括流量、扬程、功率效率、转速。

a. 流量是指水泵在单位时间内输送水的体积（或重量），单位是 L/s、m^3/s、m^3/h 或 t/h。流量是泵的重要参数，水泵铭牌上的流量是额定流量，泵在这个流量下运行效率最高，经济性最好。

b. 扬程是指水泵的扬水总高度。从能量观点来讲，是指单位重量的水，从水泵进口到水泵出口所增加的能量，其单位是米（m）。一个抽水装置所需要的扬程应包括实际扬程和损失扬程。

(a) 实际扬程是吸水池水面到出水池水面的垂直高度。如果喷灌系统从水池吸水，还应加上喷头压力和输水管道的高程。

(b) 损失扬程是指水流经吸水管路和出水管路所损失的扬程。正常的抽水装置，水泵的总扬程恰好满足抽水系统所需要的扬程。

c. 功率是指单位时间内所做功的大小，单位 kW。泵的功率分有效功率、轴功率和配套功率。

(a) 有效功率又称为水功率，是指泵的输出功率。

(b) 轴功率是指泵的输入功率，也就是动力机传给泵的功率。轴功率与有效功率的关系是相差一个泵内损失，也就是有效功率和泵内损失功率之和。水泵铭牌上所标功率为轴功率。

(c) 配套功率是指与泵配套的动力机械的输出功率。为了保证机组运行安全可靠以及补偿传动中消耗的功率，配套功率大于轴功率。一般中、小型水泵的配套功率应大于轴功率10%～20%。

d. 效率是指泵的有效功率与泵的轴功率的比值，它标志着泵传递功率的有效程度，以百分数（%）表示。

e. 转速是指叶轮或泵轴每分钟的转动次数，单位是转/分（r/min）。

②喷头　园林喷灌，一般来说可以部分采用农业、林业喷灌喷头。但由于园林灌溉的特殊性，如园林绿地常有游人活动，喷洒范围应较严格控制，不应喷到人行道上；运动场等场所的喷洒设施不应露出地面等，因此，对园林喷灌的喷头应有特殊的要求。国内外已研制和生产了符合各种园林绿地、景观等需要的园林专用喷头可供选用。

a. 喷头的分类。按结构形式和喷洒特性喷头可分为旋转式（或称射流式、旋转射流式）、固定式（或称散水式、固定散水式或漫射式）、喷洒孔管 3 种。按工作压力可分为微压、低压、中压、高压喷头。用于温室和花卉栽培的一般是低压喷头（亦称近射程喷头），其压力为 0.1～0.2 MPa，射程 2～15 m，耗能少、水滴打击强度小。适用于微灌系统的是微压喷头，压力为 0.05～0.1 MPa，射程 1～2 m。微压喷头的工作压力很低，雾化好。

b. 各类喷头特性。结构不同的喷头具有不同的喷洒特性，在工作中可根据不同情况分别采用。

(a) 旋转式喷头是指绕自身铅垂线旋转的喷头，水流呈集中射流状。其特点是边喷洒边旋转。这种喷头射程较远，流量范围大，喷灌强度低、均匀度高。是农、林、园林绿地使用很广的一种形式。旋转式喷头的结构形式很多，根据旋转驱动机构的结构和原理的不同有摇臂式、叶轮式、反作用式、水涡流驱动式、全射流式等。摇臂式喷头的结构如图 8—1 所示。

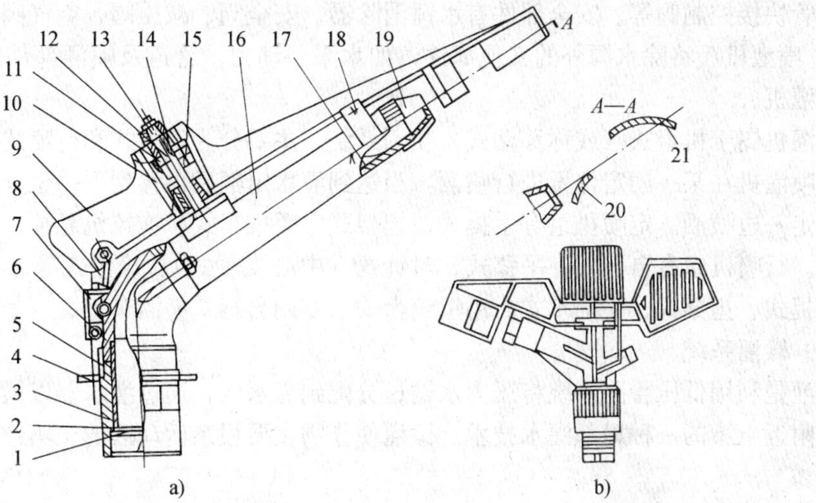

图 8—1　摇臂式喷头

a) 摇臂式喷头　b) 双摇臂式喷头

1—空心轴套　2—空心轴　3—减磨密封圈　4—限位环　5—弹簧罩　6—喷体　7—换向器　8—反转钩　9—摇臂　10—摇臂轴下衬套　11—弹簧座　12—摇臂轴上衬套　13—调节螺钉　14—摇臂轴　15—摇臂弹簧　16—喷管　17—稳流器　18—打击块　19—喷嘴　20—偏流板　21—导水片

(b) 固定式喷头是指喷洒时其零件无相对运动的喷头。其特点是结构简单、工作可靠、要求工作压力低（0.1～0.2 MPa）。喷洒时，水流在全圆周或部分圆周（扇形）同时向四周散开，故射程短（5～10 m）。近喷头处喷灌强度比平均喷灌强度大得多（15～20 mm/h 以上）。一般雾化较好，但多数喷头水量分布不均。可在公园绿地、苗圃、温室等处使用，也可装在行喷机上。固定式喷头按工作原理分为折射式、漫射式和缝隙式。另外，草坪喷灌常用地埋伸缩散水式喷头。

③管路系统　管路系统由管道及管件和控制及安全部件两部分组成。

喷灌管道种类很多，按使用方式分为固定管道和移动管道；按材料分为金属管道、非金属管道。

金属管道有铸铁管、钢管、薄壁钢管和铝合金管；非金属管道有预应力钢筋混凝土管、石棉水泥管和塑料管。其中塑料管有聚氯乙烯管、聚乙烯管、改性聚丙烯管、维塑软管、锦塑软管等。

管件有三通（丁字管）、四通（十字管）、渐缩管，45°、90°弯头、堵头、法兰、活接头、外接头等。

各种材料制成的管道，由于其性质的不同，适用于不同的使用条件。金属管、石棉水泥管、钢筋混凝土管、硬塑料管可埋在地下作为固定管道。在园林绿地喷灌中，常用硬塑料管道埋在地下。铝合金管、薄壁钢管、塑料软管等装上快速接头可作为移动式管道。

为使喷灌系统按轮灌要求进行计划供水和保证安全运行，在管路系统内应设置控制部件和安全保护部件。控制部件有各种阀门和专用给水部件。阀门有闸阀、球阀、给水阀、弯头阀、竖管快接控制阀等。安全部件有水锤消除器、安全阀、减压阀、空气阀等。

5）喷灌机　将除水源外的其他部件，如水泵、动力、管道及喷洒部件等组成一个整体称为喷灌机。

喷灌机属于机组式（或称移动式）喷洒系统。主要分为定喷式和行喷式两大类。定喷式机组是喷灌机在某一固定位置进行喷洒，当达到灌水定额后再移到下一位置。行喷式机组是一边行走一边喷洒。定喷机组有手提式、担架式、手推车式、拖拉机悬挂、牵引式、管道滚移式等。行喷机组有自行式、平移式、时针式（中心支轴式）、绞盘式等。花卉栽培时主要选用手提式、担架式、手推车式、小型绞盘式、专用自行式喷洒车等。

（2）微灌系统

微灌是利用低压管路系统将压力水输送分配到灌水区，通过灌水器以微小的流量湿润作物根部附近土壤的一种局部灌水技术。微灌使作物主要根系活动区的土壤经常保持在最优含水状态。

微灌由于仅湿润根区附近土壤，水在空中运动少，故水的损失小、利用率高；由管网输水操作方便，便于实现自动控制；微灌是局部灌溉、植物之间干燥地面不易生长杂草，并可结合施肥；对土壤和地形的适应能力强。缺点是灌水器出水孔口较小、易堵塞，因此对水的质量要求高，必须经过严格过滤；微灌投资较高。比较适于温室、花卉和园林灌溉。

1）微灌系统的分类　微灌分为滴灌、微喷灌、渗灌和小管出流灌溉。

①滴灌　利用装在毛细管（末级管道）上的滴头、孔口或滴灌带等灌水器，将压力水以水滴状一滴一滴、均匀而缓慢地滴入作物根区附近土壤的微灌技术。滴头可放在地面称地表滴灌，也可埋在地下 30～40 cm 处称地下滴灌。

②微喷灌　利用安装在毛细管上的微喷头将压力水均匀而缓慢地喷洒在根系周围的土壤上。

③渗灌　利用特制的渗水毛细管，埋入地下 30～40 cm 处，压力水通过渗水毛细管管壁的毛细孔以渗流方式湿润周围土壤，由于土壤表面蒸发量少，所以渗灌是最省水的灌水技术。

④小管出流灌　利用直径小于 4 mm 的小塑料管与毛细管连接作为灌水器，以细射流状局部湿润根系附近土壤。

2）微灌系统的组成

①首部枢组　首部枢组包括水泵、动力机、肥料及化学药品注入设备、过滤设备、压力及流量测量仪器等，必要时可设置防护装置，如空气阀、安全阀、减压阀等。

a. 过滤设备。微灌系统的灌水器出水孔口直径微小，易被污物堵塞，因此对灌溉水经过严格的净化处理，是保证其正常工作、灌水质量、延长灌水器寿命的关键措施。

灌溉水的污物有物理污物、化学污物和生物污物3类。物理污物是指悬浮在水中的无机和有机颗粒，如沙粒、土粒、植物碎片、水藻等；化学污物是指溶在水中的碳酸钙、碳酸氢钙等化学物质，在一定条件下变成不溶于水的固体沉淀物；生物污物包括菌类、藻类生物、水生物等，生物污物可在水中繁殖生长而堵塞喷头。

处理方法有物理处理和化学处理两种。

（a）化学处理法。在灌溉水中注入某些化学药剂，以中和某些化学物质，用消毒药品杀死藻类和微生物。

（b）物理处理法。采用拦污栅、沉淀池、过滤器等物理设施进行处理。

微灌系统的过滤器形式很多，主要有离心式（或称涡流式、旋流式水沙分离器）、筛网式、叠片式、沙粒过滤式等。

b. 施肥施药装置。将施肥和施药与灌溉结合进行是微灌技术的一大优点。将化肥和农药注入压力管道中进行施肥、施药所用的设备称为施肥施药装置。

施肥施药装置应设置在水源与过滤器之间，以防堵塞管道和灌水器。在水源与施肥装置之间必须设有逆止阀，以防化肥和农药进入水源。施肥和施农药后必须用清水将残留在系统中的农药和肥料冲洗干净。微灌系统中的施肥装置有开敞式和密封式两种。

（a）开敞式施肥罐。任何耐腐蚀的容器都可以作为开敞式化肥罐。开敞式化肥罐液面只承受大气压力，靠重力或吸力使流体出流。

（b）密封式施肥罐。利用压力差将化肥注入灌溉系统，故也称为压差式施肥罐。施肥罐的进水管和出水管均与压力水管相接，在施肥罐进、出水管接头之间的水管上装有截止阀。密封式施肥装置靠压力差输送化肥，不需动力，加工制造容易、造价低。但整个喷洒过程中肥料浓度变化大，无法控制；施肥罐要求密封性高，罐体容积有限，需要经常添加肥料；管路增加截止阀造成水头损失。

（c）文丘里肥料注入器。它与开敞式施肥罐（即与大气相通的施肥罐）配套使用，在小型微灌系统中比较常用，如图8—2所示。

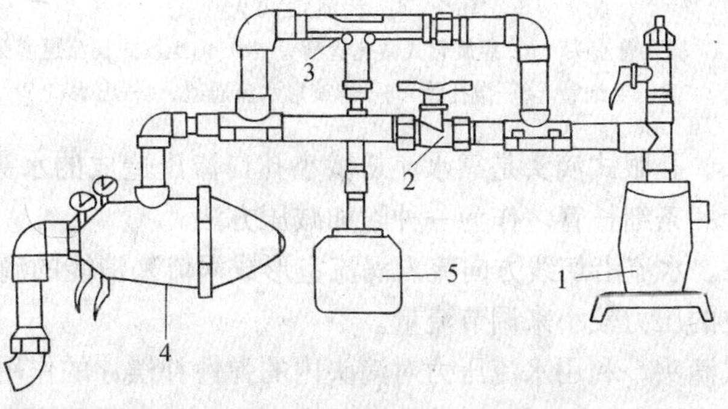

图8—2　文丘里肥料注入器

1—水泵　2—压力调节阀　3—液肥注入器　4—过滤器　5—液肥罐

（d）活塞式液肥定比器。这是一种不用电力，而是用水压力驱动活塞作往复运动而吸液的自动液肥供给设备，串联在管路中，肥料浓度可以控制。

②灌水器　灌水器是微灌系统的执行部件，它的作用是将压力水用滴灌、微喷、渗灌等不同方式均匀而稳定的灌到植物根区附近的土壤上。按结构和出流形式的不同有滴头、滴灌带、微喷头、渗灌管（带）等。

a. 滴头。滴头的作用是将毛细管中的压力水消能后变成水滴进行灌水的执行部件。要求滴头的流量均匀且稳定，为了避免堵塞要有相对大的过水断面，并应具有减压和保压功能。即滴头应把压力水的压力降低，保证缓慢均匀地施水，同时应该尽量减小自身对毛细管产生局部压力的损失，保证毛细管内的压力水能将水流送到较远地方的滴头。

滴头的种类很多，根据不同的减压方式可分为长流道滴头、孔眼式滴头、涡流式滴头、压力补偿式滴头等。

（a）长流道滴头。长流道滴头是靠水流在长的流道中流动时与管壁的摩擦阻力来消能减压的一种滴头，如图 8—3 所示。为了加强消能效果，可增加内壁的粗糙度，采用弯曲的长流道可使水流产生较大的紊流而消能。长流道滴头可分为微孔管滴头，将微孔管缠绕在毛细管上形成螺纹管式微孔管滴头（弯曲长流道滴头）；内螺纹式长流道滴头，这是一种插接式滴头，水流流经螺纹槽消能。

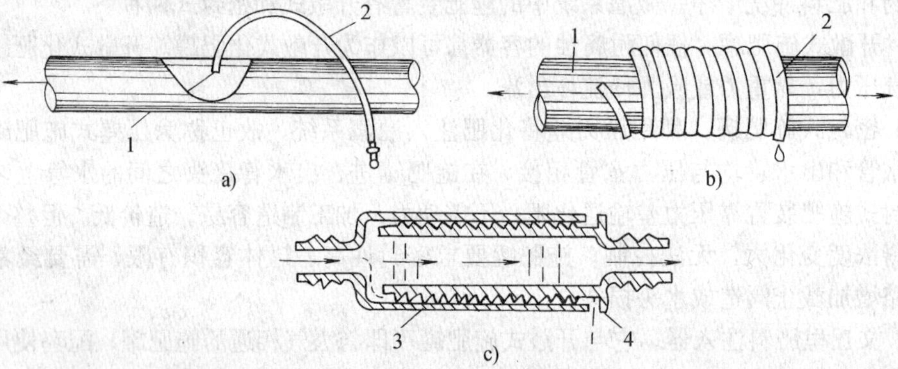

图 8—3　长流道滴头

a）微孔管滴头　b）螺旋管式微孔管滴头　c）内螺纹式长流道滴头

1—毛细管　2—微孔管　3—螺旋形水流通道　4—出水口

（b）孔眼式滴头。孔眼式滴头是靠水流从微小孔口流出造成的水头损失来消能的滴头。有时在出水口上接上一条细长管，作为一种附加减压方法。

（c）涡流式滴头。水流沿切线方向流入涡流室形成涡流来消能的滴头。由于涡流的离心力作用，使中心部位的压力较小来调节流量。

（d）压力补偿式滴头。利用水流压力对滴头内的弹性补偿片的作用，使流道的形状改变或过水断面积变化。当压力减小时，弹性片贴近底座，使过水断面增大；压力增大时，弹性片贴近滴头盖使过水断面减小，从而使滴头出水量不随压力波动而改变，保持稳定的出水量。滴头盖内壁有迷宫式流道，用以增大阻力、消散压力。

b. 滴灌带。将滴头和毛细管制成一体，具有输配水和滴水功能的水管称滴灌管或滴灌带。将预制好的滴头镶在毛细管的内壁上，称为内镶式滴灌带；在薄壁管的一侧热合出各种形状的流道的滴灌带称为薄壁滴灌带。

c. 微喷头。将压力水雾化成细小水滴喷洒在土壤表面的灌水器称微喷头。微喷头喷水量小、射程近。一般单个微喷头的喷水量不超过 250 L/h，射程不大于 7 m。体积小、雾化性能好。工作压力为 50～300 kPa。

微喷头按结构和水流性状分为旋转射流式和固定散水式两类。

(a) 旋转射流式微喷头。集中一股或多股旋转射流进行喷洒的微喷头。为了减少故障，结构力求简单，只作全圆喷洒，不设换向机构，旋转的动力靠水射流的反作用力。其结构如图 8—4 所示。这是两种最常用的反作用式旋转微喷头，由喷体、喷嘴和驱动器组成。驱动器上设有一道或多道扭凹槽。喷嘴射出的水流进入凹槽内，不仅引导水流按一定仰角射出，同时切向射流的反作用力迫使驱动器绕其轴快速旋转，使射流连续改变方向，达到全周喷洒的目的。这种喷头的旋转支撑部件不设在流道内，可避免水中泥沙及水压力对回转部件的影响，提高了运转的可靠性。当喷头运行终止时，驱动器在重力作用下下落，自行遮挡孔口，可防止杂物进入和堵塞。又由于驱动器在运行中带动支轴旋转，有助于减少碳酸钙在孔口沉淀附着。图 8—4a 所示为双喷旋转式、图 8—4b 所示为折射臂式。前者的驱动器上有两条对称布置的凹槽。

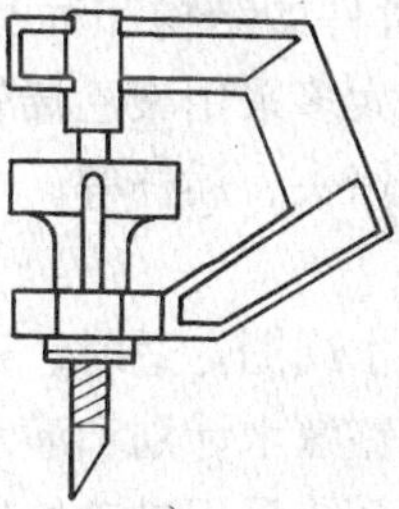
a)

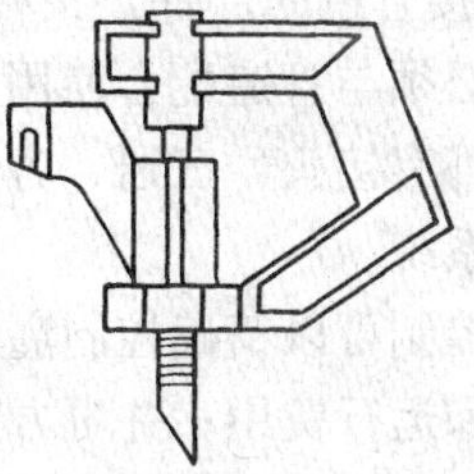
b)

图 8—4　反作用式旋转微喷头

a) 双喷旋转式　b) 折射臂式

(b) 固定散水式微喷头。固定散水式微喷头喷洒过程中无运动部件，结构简单，工作可靠。又分为折射式微喷头、缝隙式微喷头、离心式微喷头、脉冲式微喷头等。

水流经折射锥折挡，裂散成水滴的固定式微喷头是折射式微喷头。折射式微喷头有整体式和组合式两种。整体式又分单向喷洒和双向喷洒两种。不同的折射锥可形成不同的喷洒花形。

水流从喷头的缝隙中喷出，与空气撞击而裂散的，这一类喷头称为缝隙式微喷头。一般由盖帽和喷体两部分组成，盖帽上有缝隙式孔眼。缝隙式喷头的射流集中，射程比折射式略远，因而喷灌强度低，应用广泛。缺点是缝隙处强度低、易损坏。不同形状的缝隙可喷洒出不同的花形。

离心式微喷头水流呈散射状喷出。

脉冲式微喷头使喷洒分成充水和喷水两步进行。使用一个水龙头，串联一定数量的微喷头，可使这些喷头轮流自动进行喷洒，使微喷头的喷洒量与滴头相同，这样可使用一定量的水对一定范围的绿地、花圃进行合理配水和自动浇灌。

d. 渗灌管（带）　渗灌的灌水器为特殊的毛细管，管壁有无数毛细孔，低压水通过渗水毛细管上的细孔渗出湿润周围的土壤。管径规格为 3/8 in，出水量为 10 mL/(m·min)。

③微灌管道及管件　微灌通过各种规格的管道和管件（连接件）组成输配水管网。各种管道和管件在微灌系统中用量很大。要保证正常运行和使用寿命，必须要求各级管道能承受设计的工作压力；抗腐蚀、抗老化能力强；加工精度要达到使用要求，表面光滑平整；安装连接方便、可靠、不允许漏水；价格低廉。

a. 微灌管道一般采用塑料管，若是大型微灌工程的干管也可采用其他材料的管道。塑料管主要有聚乙烯管（小于 63 mm）和聚氯乙烯管（大于 63 mm）。

（a）聚乙烯管有低压高密度和高压低密度两种。低压高密度聚乙烯管为硬管，管壁较薄；高压低密度聚乙烯管为半软管，管壁较厚。聚乙烯管的韧性好、抗冲击性好、重量轻、耐低温性能好、抗老化性能比聚氯乙烯管好。但不耐磨、耐高温性能差、抗拉强度低。聚乙烯管为黑色，以防光线透入，避免微生物、藻类繁殖；同时有利于吸收紫外线以减缓老化。

（b）聚氯乙烯管属于硬质管。有良好的抗冲击和承压能力、韧性好、耐高温性能差、50℃以上软化变形。聚氯乙烯管一般为灰色。

b. 微灌管件是连接管道的部件，又称连接件。管件的结构和种类与管道的种类以及连接方式有关系，管件必须与管道配合使用。微灌工程大多采用聚乙烯管，连接方式有内接式和外接式。各类管件都有接头、三通、旁通、弯头、堵头、插杆等。

（3）自动化灌溉系统

灌溉系统的自动控制可以精确控制灌水定额和灌水周期，适时、适量供水；提高水的利用率、减轻劳动强度和运行费用；并可方便灵活地调整灌水计划和灌水制度。因此，随着经济的发展、水资源的日趋匮乏，越来越多的节水灌溉系统采用自动控制，特别是经济价值较高的经济作物、花卉、草坪、温室等。

1）自动化灌溉系统分类　自动化灌溉系统有全自动化和半自动化两类。

①全自动化灌溉系统运行时，不需要人直接参与控制，而是通过预先编制好的控制程序和根据作物需水参量自动启、闭水泵和阀门，按要求轮灌。自动控制部分设备包括中央控制器、自动阀门、传感器等。

②半自动化灌溉系统不是按照植物和土壤水分状况及气象状况来控制供水，而是根据设计的灌水周期、灌水定额、灌水量、灌水时间等要求，预先编好程序输入控制器。在田间不设传感器。

2）自动控制设备　自动控制设备主要包括中央控制器、自动阀、传感器等。

①中央控制器　根据预先设定的灌溉程序，向电磁阀发出电信号，开启或关闭灌溉系统。同时还具备手动灌溉控制功能，以便在设定的周期以外，手动启动和关闭系统。根据控制面积的不同，控制器的容量不同，小的控制一个自动阀，大的可控制数百个。

中央控制器有交流电控制器和直流电控制器两种。交流电控制器输入电压为 220 V 或

110 V，额定输出电压为 24 V。直流电控制器一般以 9 V 电池为电源。

②自动阀　自动阀的种类很多，按其驱动力不同有电磁阀、水动阀；按其功能不同有启闭阀、截止阀、逆止阀、体积阀、顺序阀等。

3）计算机控制系统　计算机控制系统可以根据流量管理、农学管理、气象及时间管理，在任何时间内通过灌溉计划计算软件对灌溉系统进行用水优化，实现即时灌溉管理。它使灌溉系统实现了真正意义上的全自动化控制，只要在控制室内按动键盘，就可实现灌溉的绝大多数要求，是未来发展的方向。

8.2　工厂化育苗装播生产线

容器育苗是应用很普遍的一种育苗方法，一般是将培养基质装入不同规格、不同材料制成的容器中，播入种子而培育苗木。它是利用温室设施、自动化播种机、格式化穴盘、栽培介质、育苗管理方法等所结合发展出来的一套高效率的育苗技术。

容器育苗不受环境影响，易于实现工厂化育苗，机械化生产，效率很高；育苗周期缩短，产苗量高；节约种子，良种利用率高；苗木在容器中形成完整根团，在出圃、运输、应用过程中，根系受容器保护不受损伤；苗木栽植不受季节限制，成活率高；栽植后没有缓苗期，生长快，形成观赏早；但容器育苗技术复杂，水、肥应严格控制，育苗成本较高。

由于容器育苗有上述优点，因而这种方法适用范围很广，不仅在园林绿化树苗培育中使用，而且在花卉苗、蔬菜苗培育中广泛应用。

（1）工厂化育苗装播生产线生产工艺过程

工厂化育苗装播生产线使用前的准备过程如图 8—5 所示，生产工艺流程如图 8—6 所示。

1）使用前准备

①容器　容器是容器苗培育的载体，种类很多。根据制作材料分为泥质容器、塑膜容器、硬质塑料容器、纸质容器等，可根据容器特点、花卉习性、育苗目的和当地情况选择适当的容器。

在容器苗装播生产线上多用硬质塑料容器及多孔纸质容器。

在进行装播作业前，均应将容器苗盘冲洗干净，消毒备用，装播作业时，由人工依次均匀地摆放在装播生产线的输送带上。

②营养土　营养土也称培养基或培养基质，其功能相当于大田的土壤，种类很多，可由多种成分按不同配比混合而成。其基质的成分和配比是否适当，是容器苗能否成功的基本条件之一，营养土的配制比例应根据花卉特性、材料性质和容器条件等而定，各地配比不尽相同。

容器育苗对营养基质要求较严格，一般应符合下列条件：质地轻软致密，既便于运输，又能抓牢根系；保水保肥性好，不需要经常浇水施肥；透气透水性好，利于根系生长发育；不带草籽、病虫害和有毒物质，酸碱度适当，一般 pH 值为 5～7。

常用的营养基质成分有多种，一般花卉容器育苗通常为泥炭和蛭石。在泥炭中掺用蛭石

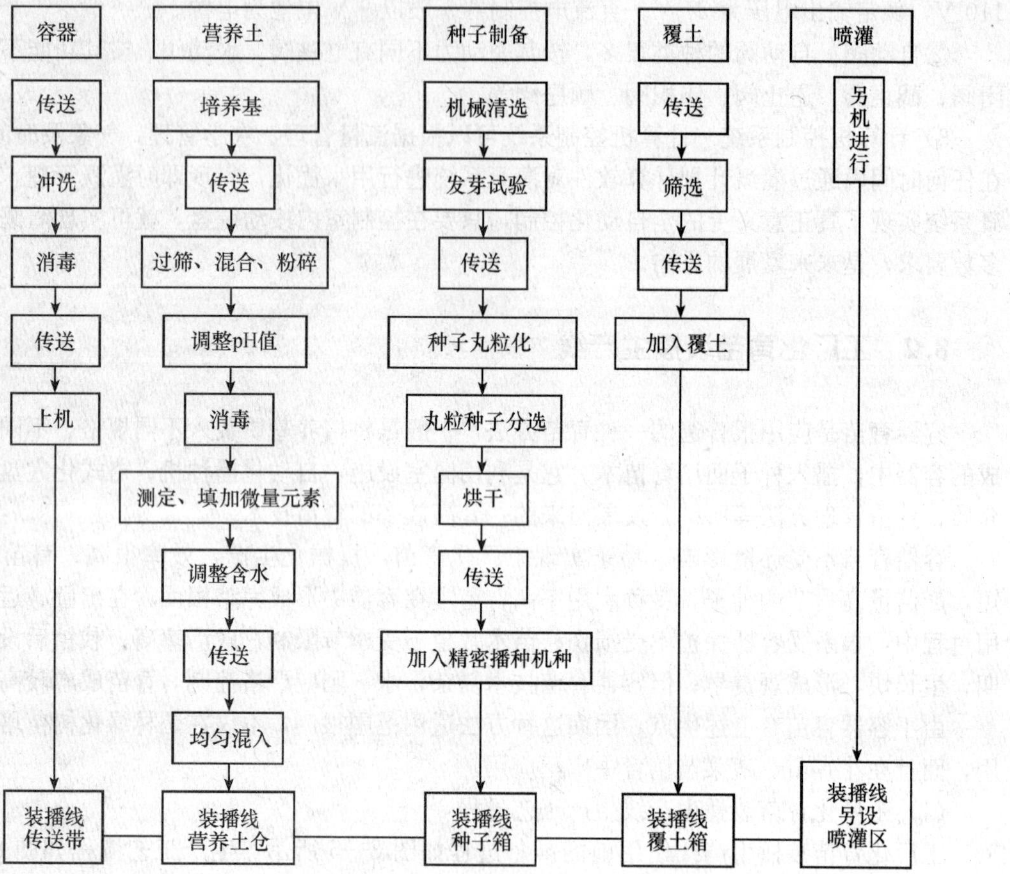

图 8—5　工厂化育苗装播生产线使用前的准备过程

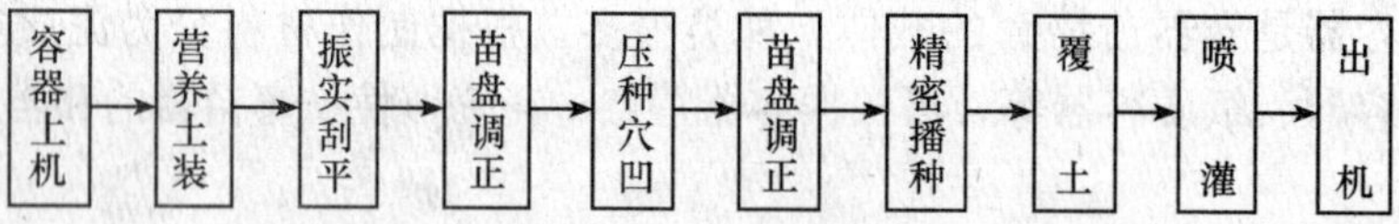

图 8—6　工厂化育苗装播生产线生产工艺流程

是为了防止营养基质过分紧实或往下沉落，使其保持良好的通气性和透水性。

营养基质选择确定并购到后，应视质量好坏，粉碎过筛，拣除草根、石块等杂物，按比例配方充分混合后，用碱或酸调整到所培育花卉品种适宜的 pH 值，而后消毒待用。

③种子　种子是容器育苗中最重要的物质材料，其质量优劣是容器育苗成败的关键。经过机械清选、发芽试验或用介电分选原理精选后的种子，必须确认种子质量后才能在生产线上使用。为实现种子的精密播种，必须经过丸粒化（裹衣）处理，并按直径大小进行分选，以满足精密播种装置的需要，实现精密播种；分选后将符合要求的丸粒化种子装入精密播种装置的种子箱。

④覆土　覆土材料是预先准备好的松软基质。这是当种子播入已压好穴的容器后，向其

上覆盖一定厚度的覆土。覆土厚度是整个播种中最关键的技术，直接影响出苗率和幼苗整齐健壮，可由装播线带输送机速度及覆土箱开度大小控制。覆土材料经筛选后装入覆土箱中备用。

2）生产工艺过程　当容器、营养基质、种子、覆土材料等准备完成后，根据花卉品种、容器（苗盘）规格及需要数量，便可对装播生产线进行调整，然后进行正式装播作业。

容器育苗装播生产线生产过程如图8—6所示，经过容器（苗盘）上机—填土—刮平—填实—压穴—播种—覆土—喷灌—下机送入温室培育。

①苗盘上机　操作人员将苗盘均匀、连续不断地放到容器苗装播线带输送机起始处。

②填土　苗盘在带输送机上匀速传送到营养土仓下，自动向苗盘填装营养土。

③刮平　苗盘传送经过刮平器（长形扁毛刷）将苗盘上方多余营养土刮去、表面平整。

④填实　苗盘中营养土在传送过程中填实，使土表面与育苗盘上平面形成间隙，为覆土留出空隙。

⑤压穴　当育苗盘经过压穴滚时，育苗盘在带输送机的带动下推动压穴滚转动，滚上突出部在育苗盘每育苗孔中间压出种穴。

⑥播种　压出种穴的苗盘继续向前传送，当经过精量播种装置的控制器时，播种装置准确地向苗盘上每一育苗孔穴中播下1～2粒种子。

⑦覆土　进入覆土区后，向已播下种子的苗盘均匀撒下薄薄一层松散的覆盖种子的表土。

⑧喷灌　苗盘进入喷灌区后，均匀地向已完成播种作业的苗盘喷洒足量水。

⑨苗盘卸下　随带输送机继续传送，苗盘脱离喷灌区，人工将苗盘放到运输车辆上，准备移至温室或育苗大棚内，进入苗期管理。

（2）工厂化育苗生产线组成及结构

工厂化育苗生产线由种子处理（分选及裹丸）设备、营养土处理机和容器苗装播机等几大部分组成。一个完整的育苗自动化作业系统应包括播种系统、搬运系统、温室育苗管理系统及移植系统等。每一系统又因作物对象不同、生产规模差异、可以应用的技术难易而有不同水准的自动化程度。

FS型容器育苗填土播种自动生产线如图8—7所示，该生产线由3人操作（不包括用叉车运送容器盘和补充营养基质在内），8 h可填土播种45万个容器腔。该生产线由以下5部分组成：

1）容器储存仓　仓内可储存多杯式容器，自动进给，供20 min作业用（空容器盘通过传送机由人力推入储存仓内）。

2）培养基质（营养土）加工设备　由泥炭粉碎机和螺旋式传送机组成，加工好的营养土运入料仓，料仓容积2 m^3。

3）填土机构　由料箱（容积为0.18 m^3）、旋转进料辊（尼龙制）、振动板、散落土回收螺旋式传送机、刮土板和密实夯锤等部分组成。空容器由自动进给机构推进到料箱下部，通过尼龙进料辊的旋转运动，营养土均匀散落到容器腔孔中，同时振动板不停地上下振动，使落入腔孔中的营养土获得一定密实度，刮土板刮平容器杯中的营养土，刮下的营养土可回收再用；填有营养土并初步密实的容器杯，传送到密实夯锤下方，夯锤快速上下往复运动，

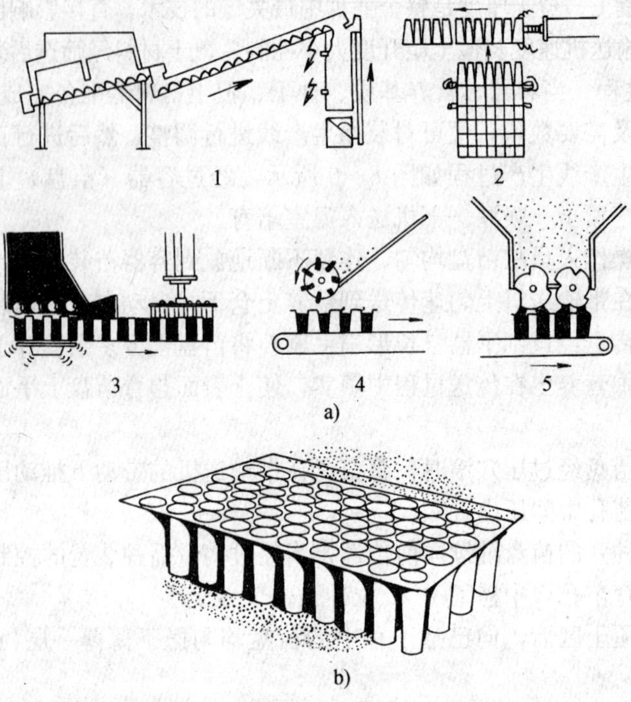

图 8—7　FS 型多孔式硬质塑料容器填土播种自动生产线

a）FS 型容器育苗播种自动生产线工艺流程　b）多孔式硬塑料容器组

1—培养基加工，运入料仓　2—空容器送进　3—填土和密实　4—真空播种　5—覆土

锤头是一多头的塑料（或硬橡胶）结构，锤头的头数与杯孔数相同。填土密实机构有两套，进行两次填土和密实。

4）播种机构　播种机构是真空播种滚筒，筒壁上均匀地分布若干小孔，孔的排列方式与容器杯孔数量和配置相对应。孔口具有吸力（吸力由真空泵产生），种粒被吸附在孔口处；当填土并密实了的容器被传送到滚筒下方，杯口对着一排小孔，消除吸力，种粒正好落入容器杯中，并保证每个杯孔中播入一粒种子（种子需经加工精选、裹衣处理；保证种子纯度为 100%、发芽率为 99%以上）。

5）覆土机构　由料仓和覆土滚轮组成。当播种后的容器盘被传送到覆土滚轮下方时，覆土滚轮转动，向容器杯中薄薄地撒上一层覆土材料。

覆土后的容器盘沿传送机构送到自动生产线末端，人力卸下，装在金属架上，用叉车运输到育苗温室或塑料大棚。通常在温室内育苗 3～6 个月，露天驯化 2～3 个月后即可出圃。

8.3　栽培容器

（1）花盆

栽培花卉植物主要供室内外观赏之用，除了育苗时在苗床中培养外，其他时期必须用花盆种植，才便于搬运、销售与陈列。选择花盆时，既要考虑与盆的大小，又要考虑花与盆的协调性，同时还要考虑盆具的质地、性能及其用途。常用的花盆如图8—8所示。

图8—8　常见的几种花盆

1）素烧盆　素烧盆即泥瓦盆，用泥土高温烧成，不加釉彩，价格便宜，是最常用的种植容器，可分为红盆和灰盆两种。有各种规格，每1.5 cm为一级。最小的直径约6 cm，一般为14～33 cm，大的达39～59 cm。形式有矮盆（小苗用），普通盆、高腰盆，一般深8～10 cm。一般盆底都有排水孔，以排除多余的水分。

素烧盆的盆底、盆壁有细微的孔隙，通气排水性能良好，有利于植株生长，广泛用于小苗的培育与成苗的培养。缺点是易破碎和干燥，外表粗糙，盆外常长青苔或留有盐渍。培养成品苗时应尽量采用小一些的盆，以便在室内陈列装饰时放置于略大一点的套盆内，弥补其不足。初次使用前，需要浸泡全盆，使其吸足水分再种植。已长期使用过的，会通气不良或有病菌杂物污染，应再清洗消毒后才能再种植。

2）陶瓷盆　瓷盆为上釉盆，常有彩色绘画，外形美观，适合室内装饰用。但上釉后水分空气流通不良，对植物栽培不太适宜。陶盆的盆面常刻图画，也适于室内装饰，而不适于植物生长。两者的外形除圆形外，还有方形、菱形、六角形等。

3）纸盆　仅供培养幼苗用，特别用于不耐移植的种类，如香豌豆、香矢车菊等在定植露地前，先在温室内纸盆中进行育苗。

4）兰花盆　兰花盆是一种特制的花盆，质地较讲究，专用于栽植兰花，盆壁有孔，以利排水通气。将气生兰及附生花卉放置盆内，用棕皮、苔藓或泥炭块将植物固定在盆内，根系可从盆孔伸出来。兰花盆栽植花卉后，可以放置在台架上，也可以用细铅丝将盆悬挂在空中。

5）木盆　瓦盆过大容易破碎，当需要有40 cm以上口径的盆时，即采用木盆。形状大多为圆形，也有方的，用质地坚硬不易腐烂的木材制成，不易破碎，易于移动，可栽植大株花木，还可以悬空吊挂。目前有一类小型木盆，用竹片、藤条编织而成，形状优美，通气性能良好，特别适于悬空立体栽培，因为容器的重量较轻。

6）水盆　水盆专门用于水生花卉栽培，盆面较大，盆底无孔，质地可为瓷盆、釉盆或紫砂盆，多为陶瓷上釉，外形讲究美观精致，可提高观赏效果。浅的用于山石盆景，较深的用来培养水仙，大而深的用来栽培荷花、睡莲等。

7）塑料盆　塑料盆是花卉栽培常用的种植容器之一，轻便耐用，长途搬运不易破损，不长青苔，价格便宜。缺点是不吸水，通气性差，尤其栽培基质要松，量要少，浇水的时间要适当控制。塑料盆可分为硬质塑料盆和软质塑料盆。硬质塑料盆一般体积不大，轻便美观，色彩鲜艳，多用于观赏栽培，但其通气性较差，不利于生长，所以不宜作长期种植。上盆时必须采用疏松、通气排水性能良好的多孔隙基质。软质塑料盆仅用于花卉植物的育苗，一般不作观赏栽培之用。

此外，还有供装饰用的各种材料制作的套盆，如玻璃缸套盆、藤制品套具、不锈钢套具等，这类盆套美观大方，可以增添华丽多彩的气氛。另外，还有壁挂容器、吊盆、花架等，式样和制作的材料多种多样，一般仅供陈列用，不作栽培使用。

（2）育苗容器

一般的繁殖育苗先在苗床内播种或扦插，然后起苗定植。由于起苗时容易伤根，定植后不易缓苗。容器育苗可克服此类缺点。容器育苗就是将培养土或培养基质制成一定形状或装入各种器皿进行的护根育苗。用于这种育苗的容器种类繁多，可归纳为两类。一类是用培养土或培养基质经压制、切割等自身黏合而成的钵状或块状物，称为营养钵或营养块。另一类是盛装培养土或培养基质的外容器，称为育苗钵。容器育苗有以下优点：第一，由于定植时不伤根或极少伤根，有利成活，减少根系感染；第二，容器可搬动，避免幼苗拥挤，培育好大苗；第三，减少占用土地的时间，增加复种指数。

1）营养钵（块）　营养钵可用成型模具制作。国外用70%的草炭和30%的纸浆，加上一些化学肥料混匀，再用制钵机压成简便营养钵（基非钵）。简便营养钵有单体钵和连体钵（将6个、10个或12个连成一套）之分，已经在欧美及日本广泛采用。为了防止制钵（块）时的挤压使钵（块）板结，用于制钵的培养土或培养基质必须疏松，并有一定的黏合能力。

2）育苗钵　育苗钵是盛装培养土或培养基质的器具，有以下各种类型：

①塑料钵　按外形分为圆台形、棱台形、圆锥形、棱锥形等；按组成分为单个型、连体型；按塑料种类分为聚氯乙烯、聚乙烯等。我国应用的大多数为单个钵，口径为8～10 cm。日本常用的口径为12～15 cm。

②无底塑料薄膜钵　用直径为8～10 cm的筒状塑料薄膜，按8～10 cm长剪切而成。但因塑料薄膜太轻，又无固定形状，填装基质时较难。加上没有底部，运输时要小心，防止基质散落。

③纸钵　用牛皮纸浆，加入10%～30%的亲水性维尼纶纤维、少量防腐剂制成。展开时呈蜂窝状。不用时可折叠成册。育苗时下放垫板，防止培养基质散开。垫板要求平整、具弹性，且有小孔，以利透水。日本和西欧国家常用此育苗钵以配合机械化栽培。

④废纸钵　我国江浙一带的农民常用废旧报纸等折叠单个育苗钵，经济实用。

此外，还有压缩营养钵、育苗盘、育苗箱、育苗袋、岩棉育苗板、育苗格板、育苗板等。常见的几种育苗容器如图8—9所示。

8.4 常用工具一般故障的排除

（1）手动喷雾器的故障排除

1）喷不出雾且滴水　其原因一是套管内滤网堵塞，二是喷头内斜孔堵塞，卸下清除堵塞物即可。

2）喷雾时水和气同时喷出　其原因是桶内的输液管焊缝脱焊，或输液管被药液腐蚀，需进行焊补或更换新管。

3）喷出的雾零散，不呈圆锥形　其原因是喷孔形状不正或被脏物堵塞，造成雾化不良，

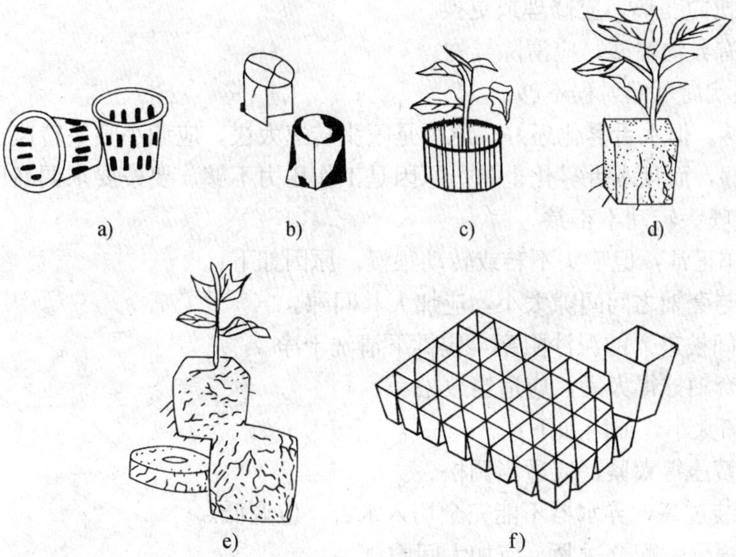

图 8—9　常见的几种育苗容器

a）塑料钵　b）纸钵　c）草钵　d）育苗土块　e）基非钵　f）穴盘

应拧下喷头帽调整，并清除喷孔脏物。

4）气筒打不进气　其原因一是皮碗干缩硬化，磨损破裂，二是皮碗底部螺钉脱落，皮碗脱下。干缩的皮碗卸下放在机油或动物油中浸泡，待膨胀后再装上；破裂的皮碗要更换新品，螺钉松脱者装好皮碗后拧紧即可。

5）气筒压盖或加水盖漏气　造成这种状况主要是密封不严，应检查橡胶垫圈是否损坏或未垫平，凸缘是否与气筒脱焊，应视情况更换垫圈、安装找平、修补脱焊部位。

6）塞杆和压盖冒水　气筒壁与气筒底脱焊，或阀壳中钢球被脏物卡住不能与阀体密合，都会引起冒水，应视情况进行焊补或清除脏物。

7）开关漏水　开关损坏或开关帽下的石棉绳老化而产生间隙会导致漏水，应视情况更换新品或换新石棉绳，拧紧即可。

（2）喷头常见故障及排除

喷头的形式较多，下面以摇臂式和蜗轮蜗杆式喷头为例介绍常见的故障及排除方法。

1）水舌性状异常　如果旋转式喷头工作正常，在无他物（摇臂式的导水器或蜗轮蜗杆的叶轮）阻挡时，水舌在离开喷嘴附近应有一光滑、透明的圆形密实段，在密实段之后水舌才逐渐渗气变白并被粉碎；其射程不应小于标准值的 85%，且雾化良好。否则为水舌性状异常。其表现形式为：

①水舌刚离开喷嘴，表面就毛糙不透明，但水舌主流仍是圆形的。原因是喷头加工粗糙，有毛刺或损伤，应将喷头磨光或更换喷嘴。

②水舌刚一离开喷嘴就散开，没有圆形密实段。主要原因是：

a. 喷嘴内部损坏严重，应予以更换。

b. 整流器扭曲变形，应修理或更换。

c. 流道内有异物堵塞，应清除异物。

2）水舌性状尚可但射程不够

①射程不够，但水舌雾化还好，原因是喷头转速太快，应调小喷头转速。

②射程不够，而且水舌雾化也差，原因是工作压力不够。要按要求调高压力。

3）摇臂式喷头转动不正常

①摇臂工作正常，但喷头不转或转动很慢。原因如下：

a. 空心轴与套轴之间间隙太小，应加大其间隙。

b. 两者之间被进入的泥沙阻塞，应拆下清洗干净。

c. 安装时套轴拧得太紧，应适当放松。

②摇臂张角太小，原因如下：

a. 摇臂弹簧压得太紧，应适当调松。

b. 摇臂安装过高，异水器不能完全切入水舌，应调低。

c. 摇臂和摇臂轴配合过紧，应加大间隙。

d. 水压不足，应调高水压。

③摇臂张角够大，但敲击无力。原因是导流器切入舌太深，使摇臂的力量尚未完全敲击在喷体上即被冲开，应将敲击块加厚。

④摇臂敲击频率不稳定，忽快忽慢。原因是摇臂和轴配合松或摇臂轴松动，应查明原因纠正。

⑤摇臂甩开后不能返回。原因是摇臂弹簧太松，应调紧弹簧。

4）蜗轮蜗杆式（叶轮式）喷头转动不正常

①叶轮空转，但喷头不转。原因如下：

a. 叶轮轴与小蜗轮之间连接螺钉松脱或销钉脱落，应拧紧。

b. 大蜗轮与套轴之间的定位螺钉松动，应拧紧。

c. 换向齿滑搭，应扳动换向拨杆使齿轮搭上。

②水舌正常，但叶轮不转，喷体也不转。原因如下：

a. 蜗轮蜗杆或齿轮缺油，阻力过大，应加润滑油。

b. 定位螺钉拧得太紧，致使大蜗轮产生偏心，应适当松开。

c. 叶轮被异物卡死，应清除。

d. 蜗轮、齿轮或空心轴与套轴之间锈死，应除锈加油后装复。

5）喷头转动部分漏水

①垫圈中进入泥沙，使密封面不密封，应拆下空心轴，清洗干净。

②喷头加工精度不够，空心轴与套轴的端面不能密合，应修理或更换。

〔技能操作部分〕

单元 9
常见花卉识别

9.1 常见一、二年生花卉

（1）醉蝶花（见图 9—1）

别名　紫龙须、风蝶草。

科属　白花菜科，醉蝶花属。

形态特征　一年生草本植物。株高 60～120 cm。植株有强烈的气味。叶片掌状裂开，小叶 5～7 枚成矩圆状披针形。总状花序顶生，花由底部向上层层开放，花瓣披针形向外反卷，花苞红色，花瓣呈玫瑰色和白色，雄蕊特长。蒴果圆柱形，种子浅褐色。花期 6—9 月。

（2）飞燕草（见图 9—2）

别名　干鸟草、翠雀、萝小花。

科属　毛茛科，飞燕草属。

图 9—1　醉蝶花

图 9—2　飞燕草

形态特征　一年生草本植物。茎直立，上部疏生分枝，株高 30～120 cm。茎叶疏被柔毛。叶片呈掌状深裂至全裂，裂片线形。基部叶片有长柄，上部叶片无柄。顶生总状花序或穗状花序。花茎约 2.5 cm，萼片呈花瓣状，下面的一片伸长呈狭椭圆形。花瓣 2 枚合生，花色呈蓝、紫、红、粉白等色，蓇葖果上被绒毛，种子千粒重 1.88～2.16 g，寿命 1 年，花期 5—6 月。飞燕草有矮生种、高茎重瓣种、低茎重瓣种。

（3）花菱草（见图 9—3）

别名　金英花、人参花。

科别　罂粟科，花菱草属。

形态特征　多年生草本植物，常作一、二年生栽培。株形铺散或直立、多汁，株高30～60 cm，全株被白粉，呈灰绿色。叶基生为主，茎上叶互生，多回三出羽状深裂，状似柏叶，裂片线形至长圆形。单花顶生具长梗，花瓣 4 枚，外缘波皱，黄色或橙黄色。花期春季到夏初，花色有乳白、淡黄、橙、桂红、猩红、玫红、青铜、浅粉、紫褐等色。花朵晴天开放，阴天或傍晚闭合。蒴果细长，种子椭圆状球形，千粒重 1.5 g，种子寿命 2 年。有半重瓣和重瓣品种。

（4）半支莲（见图 9—4）

别名　龙须牡丹、松叶牡丹、太阳花、草杜鹃、洋马齿苋。

科别　马齿苋科，马齿苋属。

形态特征　一年生肉质草本植物，株高 10～15 cm，匐生或微向上。叶互生或散生，圆柱形。花 1～3 或 4 朵簇生于枝顶。花径 3～4 cm，基部有 8～9 枚轮生的叶状苞片，并生有白色长柔毛。花瓣 5 枚，倒卵形，先端有浅凹，有白、黄、红、紫等色。花于日出后开放至午后凋谢，阴天至傍晚始凋谢。花期 6 月下旬至 8 月。蒴果盖裂，种子细小多数，千粒重 0.10～0.14 g。

图 9—3　花菱草

图 9—4　半支莲

（5）石竹（见图 9—5）

别名　洛阳花、中国石竹。

科属　石竹科，石竹属。

形态特征　多年生草本植物，常作二年生花卉栽培。株高20～45 cm。茎直立，光滑多分枝。叶对生，互抱茎节部，线状披针形。花顶生枝端，单生或成对，有时呈圆锥状聚伞花序，花径2～3 cm；萼筒圆筒形；花瓣5枚，粉、红、紫红、白或复色，先端有不整齐少齿裂，喉部有深色斑纹和疏生须毛，基部具长爪，芳香。花期4—10月，集中于4—5月。蒴果矩圆形，成熟时先端4～5裂，种子扁圆形，黑褐色，千粒重0.9 g。

（6）地肤（见图9—6）

别名　扫帚草、绿帚。

科属　藜科，地肤属。

形态特征　一年生草本植物，高50～100 cm。茎直立，多分枝，淡绿色或浅红色，具短柔毛。叶互生，披针形或条状披针形，长2～5 cm，宽3～7 mm。花两性或雌性，通常单生或2个生于叶腋，集成稀疏的穗状花序，淡绿色。胞果扁球形，种子横生，扁平，千粒重1.09 g。

图9—5　石竹

图9—6　地肤

（7）雁来红（见图9—7）

别名　老少年、老来少。

科属　苋科，苋属。

形态特征　一年生草本植物。高0.8～1.5 m。茎通常分枝。叶卵状椭圆形至披针形，长4～10 cm，宽2～7 cm，除绿色外，常呈红色、紫色、黄色或绿紫杂色。花单性或杂性，密集成簇，花簇球形，腋生或密生成顶生下垂的穗状花序。胞果矩圆形，盖裂。种子细小，千粒重0.78 g。

（8）千日红（见图9—8）

别名　火球花、千年红。

科属　苋科，苋属。

形态特征　一年生草本植物，披灰白色长毛，株高40～60 cm，茎强直多分枝，具沟纹，在节部膨大。叶对生，长椭圆形或矩圆状倒卵形，长1.5～5 cm，全缘。头状花序单生，或2～3个着生于枝顶，花序无柄，有长总花梗；花序球形渐开渐伸长呈长圆形，直径2 cm。每花有小苞片2个，膜质发亮，呈紫红色。花期8月至霜降。胞果近球形，种子细

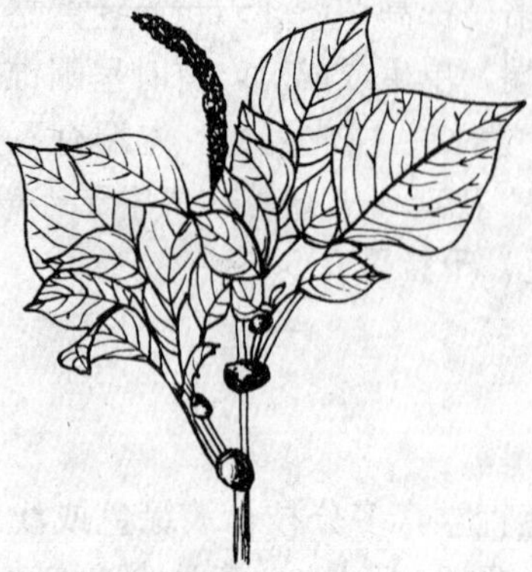

图 9—7　雁来红

图 9—8　千日红

小，橙黄色。

（9）桂竹香（见图 9—9）

别名　香紫罗兰、黄紫罗兰、华尔花。

科属　十字花科，桂竹香属。

形态特征　原产南欧，现各地普遍栽培。二年或多年生草本花卉，常作二年生栽培，株高 30～60 cm。茎直立，多分枝，基部半木质化。叶互生，长 3～7 cm，披针形，全缘。总状花序顶生，花瓣 4 枚，具长爪，花色橙黄或黄褐色，两色混杂，有香气。花期 4—6 月。果实为长角果，种子 2 行，种子褐色，无翅，千粒重 2.43 g。

（10）香雪球（见图 9—10）

图 9—9　桂竹香

图 9—10　香雪球

别名　小白花。

科属　十字花科，香雪球属。

形态特征　多年生草本植物，作一年生栽培，多分枝，铺散，株高 15～30 cm，被灰白色毛。叶互生，披针形或条形，全缘。总状花序顶生，小花多数密集，花后花序延长，花白色或淡紫，径 2 mm，具细长花梗，微香。花期 3—6 月，秋季仍能开花。短角果小，近圆形，种子扁平，短椭圆形，黄或麦秆黄色，千粒重 0.28～0.33 g。

（11）茑萝（见图 9—11）

别名　羽叶茑萝、茑萝松、绕龙花、游龙草、锦屏封。

科属　旋花科，茑萝属。

形态特征　一年生缠绕性蔓生草本植物，茎细长缠绕长达 6～7 m，叶互生，羽状细裂，长 4～7 cm，裂片条形，基部二裂片再回二裂，形似羽毛。聚伞花序腋生，着花一至数朵，花的直径 1.5～2 cm，鲜红色漏斗状，先端五裂呈五角星形。筒部细长，花期 7—10 月。蒴果卵圆形，种子黑色，卵圆形，千粒重 10.8～13.0 g。

（12）美女樱（见图 9—12）

别名　美人樱、草五色梅、铺地锦、四季绣球。

科属　马鞭草科，马鞭草属。

形态特征　多年生草本植物，常作一年生栽培。株高 30～50 cm，枝条外倾，全株具灰色略硬而带开展性长毛，但叶面处较不显著。叶对生，具柄，长圆形，先端钝，边缘具阔而不相等的圆齿，近基部略呈裂片状。穗状花序顶生，多数小花密集排列呈伞房状。花冠筒状，花色有蓝、紫、粉红、大红、白、玫瑰红等。小坚果长 4～5 mm，短棒状，浅灰褐色或浅茶褐色，千粒重 2.8 g。

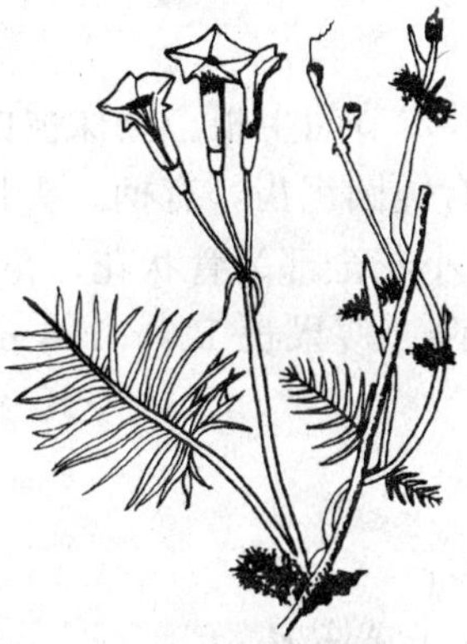

图 9—11　茑萝

图 9—12　美女樱

（13）彩叶草（见图 9—13）

别名　洋紫苏、锦紫苏。

科属　唇形科，鞘蕊花属。

形态特征　多年生观叶草本或亚灌木，植株高 40～90 cm，少分枝，茎 4 棱，质柔软。叶对生，宽卵形或卵状心形，边缘有粗锯齿，叶背面常有绒毛。叶色丰富，最常见的一种叶色是叶缘绿色，叶心紫色，近中肋处红色。此外，叶面呈紫、红、黄、褐等色的均有，彩纹也较丰富。花期夏、秋。小坚果平滑，种子千粒重 0.15 g。

（14）香豌豆（见图 9—14）

别名　花豌豆、香豆花、小豌豆、麝香豌豆。

科属　豆科，山黧豆属。

形态特征　一、二年生蔓性攀缘草本植物，全株疏生白色柔毛，茎棱状有翼。羽状复叶，仅茎部两片小叶，先端小叶变态形成卷须，花具总梗，长 20 cm，腋生，着花 1～4 朵，花大，蝶形，旗瓣色深艳丽，有紫、红、蓝、粉、白等色，并具斑点、斑纹，具芳香。花期 5—6 月。荚果长圆形，内有 5～6 粒种子，种子球形、褐色，千粒重 84.5 g。

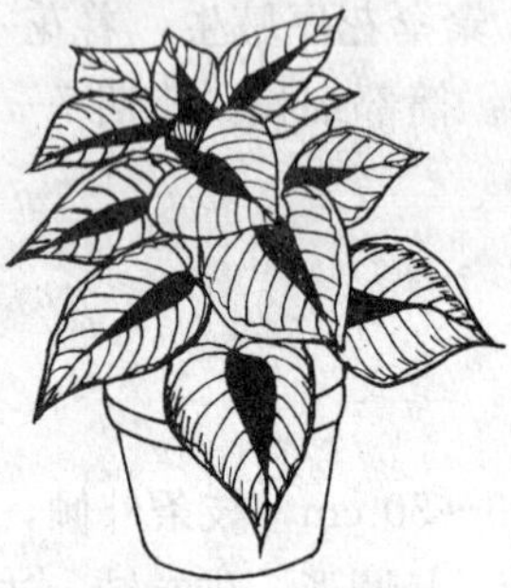

图 9—13　彩叶草

图 9—14　香豌豆

（15）霍香蓟（见图 9—15）

别名　胜红蓟、蓝翠球、咸虾花、臭垆草。

科属　菊科，霍香蓟属。

形态特征　一年生草本植物，株高 30～60 cm，茎披散，节间生根。全株被白色柔毛。叶对生，叶片卵形或菱状卵形，基部圆钝，少数为心形，有钝圆锯齿，有柄。头状花序小，呈缨状，直径约 1 cm，在茎部或分枝顶端聚成伞房花序。小花全部为管状花，花色有淡蓝色、蓝色、粉色、白色等，花冠先端 5 裂。花期 7 月至霜降。瘦果长 1.5～1.8 mm，易脱落，千粒重 0.15 g。

（16）雏菊（见图 9—16）

别名　延命菊、春菊、马兰头花。

图 9—15　霍香蓟

图 9—16　雏菊

科属 菊科，雏菊属。

形态特征 多年生草本植物，作二年生栽培。株高 15～20 cm，叶基部簇生，倒卵形或匙状。头状花序，顶生，花径 3～5 cm，着生于 10～15 cm 的花葶上。舌状花条形，平展，单轮排列于盘边，白或淡红色。盘心管状花，黄色。花色有白、粉、朱红、暗红等色，花形呈球状、管状，并有单瓣、重瓣之分。花期 3—6 月。瘦果倒卵形，种子千粒重 0.21 g。

(17) 翠菊（见图 9—17）

别名 蓝菊、江西腊、五月菊、七月菊。

科属 菊科，翠菊属。

形态特征 一年生草本植物。株高 30～90 cm，茎直立，全株疏生短毛。叶互生，长椭圆形。中部叶卵形或匙形，具不规则粗钝锯齿，两面疏被短硬毛，叶柄有狭翅。头状花序单生枝顶。舌状花，花色丰富，有红、蓝、紫、白、黄等深浅各色。花期 7—10 月，秋播的花期 5—6 月。瘦果楔形，种子千粒重 1.74 g。栽培品种繁多，有重瓣、半重瓣，花形有彗星形、驼羽形、管瓣形、松针形、菊花形等，按植株高度又分为高秆种 45～75 cm、中秆种 30～45 cm、矮秆种 15～30 cm。

(18) 波斯菊（见图 9—18）

别名 秋英、秋樱、大波斯菊。

科属 菊科，秋英属。

形态特征 一年生草本植物，株高 120～150 cm；叶对生，长约 10 cm，二回羽状全裂，裂片稀疏，线形，全缘。头状花序顶生或腋生，有长总梗。盘缘舌状花的先端呈截形或稍呈锯齿状，花色有淡红、红紫等色，白或红环状。盘心黄色。花期 9 月至霜降。瘦果有喙，种子千粒重约 6 g。

图 9—17 翠菊

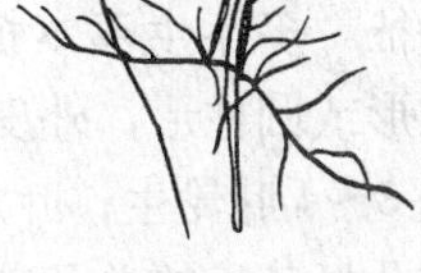

图 9—18 波斯菊

9.2 常见宿根花卉

(1) 芍药（见图 9—19）

别名 没骨花、婪尾春、将离、殿春花、余容、犁食。

科属　毛茛科，芍药属。

形态特征　多年生宿根草本植物，具肉质根。茎丛生，高 50～100 cm。二回三出羽状复叶，小叶通常 3 深裂，长圆形或披针形，叶脉带红色。花单生于茎顶，花梗长，花色有白、黄紫、粉、红等色，少有淡绿色，花形变化多，有单瓣、重瓣之分。花萼片 5 枚，宿存。花期 4—5 月。蓇葖果，果熟期 8—9 月，种子数枚，球形，黑色。

（2）荷包牡丹（见图 9—20）

别名　铃儿草、鱼儿牡丹。

科属　罂粟科，荷包牡丹属。

形态特征　多年生宿根草本植物，具有根状茎。株高 30～60 cm。叶互生，二回三出羽状复叶，绿色，常有白粉，有长柄，裂片倒卵状楔形。总状花序顶生，下垂，花瓣 4 枚，外两瓣较大联合成心脏形囊状物，粉红色，先端向两侧反卷内两片细长，先端突出白色。花期 4—5 月。蒴果细长圆形，种子细小有冠毛。

图 9—19　芍药

图 9—20　荷包牡丹

（3）桔梗（见图 9—21）

别名　梗草、僧冠帽、六角荷。

科属　桔梗科，桔梗属。

形态特征　多年生草本植物，全株光滑，高 40～50 cm，体内具白色乳汁。根肥大肉质，长圆锥形或圆柱形，外皮黄褐色或灰褐色。茎直立，上部稍分枝。叶近无柄，茎中部及下部对生或 3～4 叶轮生；叶片卵状披针形，边缘有不整齐的锐锯齿；上端叶小而窄，互生。花单生或数朵呈疏生的总状花序。花萼钟状，裂片 5，花冠阔钟状，蓝紫色、白色或黄色，裂片 5，花期 6—9 月。蒴果倒卵形，先端 5 裂。种子卵形，黑色或棕黑色，具光泽，果期 8—10 月。

（4）玉簪（见图 9—22）

别名　玉春棒、白萼、白鹤花。

科属　百合科，玉簪属。

形态特征　多年生草本植物。地下茎粗壮并生有多数须根。株高 75 cm。叶基生成丛，卵状心脏形，长 15～30 cm，宽 10～15 cm，具长柄及明显的平行叶脉。花葶高出叶片，为顶生总状花序，着花 9～15 朵；花白色，管状漏斗形。花期 6—7 月，花极芳香，夜间开花。有重瓣品种。蒴果三棱状圆柱形。

图 9—21 桔梗

图 9—22 玉簪

(5) 萱草（见图 9—23）

别名 金针花、忘忧草。

科属 百合科，萱草属。

形态特征 多年生草本花卉，植株高 25～35 cm，冠径 40～100 cm，具短根状茎，根部肥大肉质状呈纺锤形，叶翠绿狭长，丛生根际排成两列，花葶从中部抽出，螺旋状聚伞花序，每个花序着花数十朵，花蕾似簪，开如漏斗，裂片翻卷，花瓣先端浅裂或深裂，花被基部合成管状，雄蕊 6 枚，花色有绯红、金黄、淡紫、白绿等色。花径 10 cm 左右，花期 5—10 月中下旬，单花寿命不超过 24 h，清晨开放，暮色时分闭合，晚上萎蔫，花葶上其他花会陆续开放。蒴果，背裂，有黑亮种子数粒，大部分品种不结实。

(6) 沿阶草（见图 9—24）

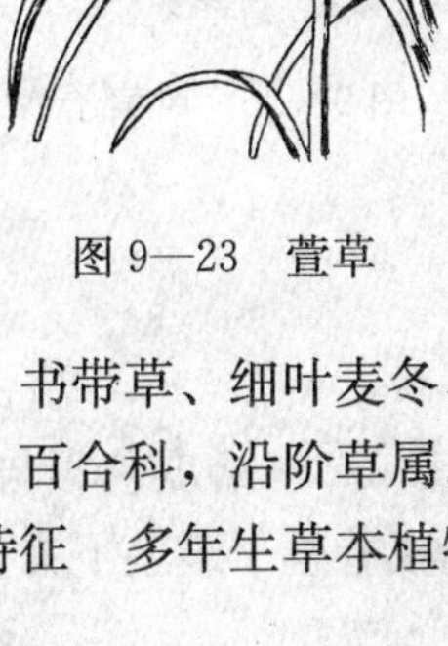

图 9—23 萱草

图 9—24 沿阶草

别名 书带草、细叶麦冬、麦冬。

科属 百合科，沿阶草属。

形态特征 多年生草本植物。根较粗，膨大成椭圆状、纺锤形的小块根。地下匍匐茎细长，上有膜质鳞片。茎短。叶基生成密丛，线形，长 10～30 cm，主脉不隆起。花葶高 7～12 cm，有棱，低于叶丛稍弯垂。总状花序轴长 2～5 cm，具 8～10 朵花，常 1～3 朵聚生，花白色或淡紫色。花期 8—9 月。浆果球形，蓝黑色。

9.3 常见球根花卉

（1）花毛茛（见图 9—25）

别名 芹菜花、波斯毛茛。

科属 毛茛科，毛茛属。

形态特征 多年生宿根草本植物。株高 20～40 cm，块根纺锤形，长 1.5～2.5 cm，粗不及 1 cm，常数个聚生于根颈部。茎单生，或少数分枝，具毛。基生叶阔卵形，边缘有锯齿，具长柄，茎生叶羽状细裂，为 2 回 3 出羽状复叶，无柄。花单生或数朵顶生，花径 3～4 cm；花期 4—5 月，有重瓣、半重瓣，花色有白、粉、黄、红、紫等色。

（2）风信子（见图 9—26）

别名 洋水仙、五色水仙。

科属 百合科，风信子属。

形态特征 多年生球根类草本植物，鳞茎球形或扁球形，有膜质外皮，皮膜颜色与花色成正相关。叶 4～8 枚，狭披针形，肉质，上有凹沟，绿色有光。花葶肉质，长 15～45 cm，总状花序顶生，小花 10～20 朵密生上部，横向或下倾，漏斗形，花被筒形，上部四裂，反卷，有紫、玫瑰红、粉红、黄、白、蓝等色，芳香。蒴果。自然花期 3—4 月。园艺品种有 2 000多个，根据花色分为蓝色、粉红色、白色、紫色、黄色、绯红色、红色 7 个品系。

图 9—25 花毛茛

图 9—26 风信子

（3）朱顶红（见图 9—27）

别名 百枝莲、华胄兰、孤挺花。

科属 石蒜科，孤挺花属。

形态特征 多年生草本植物。鳞茎球形，大者直径达 6～10 cm，鳞皮色彩与花色相关，褐色鳞皮为红色花，淡绿色鳞皮者，其花有白色或红色条纹。根着生于鳞茎下方，叶从鳞茎抽生，两列状着生，每边为3～4枚，扁平淡绿。花葶也从鳞茎抽出，绿色粗壮、中空，高于花丛，顶端着花4～6朵呈伞形花序，花大，喇叭形，有红色、红色带白条纹、白色带红条纹等，常为2～6朵花相对开放。花期5—6月。

（4）石蒜（见图9—28）

别名　蟑螂花、老鸦蒜、山乌毒。

科属　石蒜科，石蒜属。

形态特征　多年生草本植物。地下鳞茎肥厚，广椭圆形，外被紫红色薄膜。叶线形，于花期后自基部抽生，5～6片叶，冬季抽出，夏季枯萎。花葶高30～60 cm，着花4～12朵，呈伞形花序顶生。花鲜红或金黄色，花筒较短，花被片狭倒披针形，向外翻卷，雄蕊及花柱伸出，姿态秀丽，花期9月。自花授粉一般不结果实。

图9—27　朱顶红

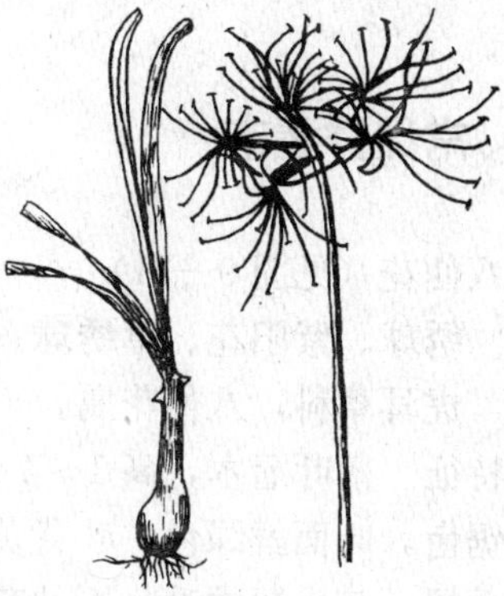

图9—28　石蒜

（5）葱兰（见图9—29）

别名　葱莲、玉帘、白花菖蒲莲。

科属　石蒜科，葱兰属。

形态特征　多年生常绿草本植物。株高15～20 cm。鳞茎小，有明显的颈部。叶基生，条形，稍肉质，暗绿色，长约30 cm，与花同时抽出。花葶中空，高10～25 cm，包于具褐红色膜质苞片内，自叶丛一侧抽出。花单生于花葶顶端，白色，外面常呈淡红色；苞片佛焰苞状，顶端2裂；花被直立，漏斗状；花梗长约1 cm；花被片6，长约5 cm，宽约1 cm，近喉部有很小的鳞片。花期8—11月。蒴果三角近球形，成熟时室背开裂。种子黑色，扁平。

（6）鸢尾（见图9—30）

别名　蓝蝴蝶、扁竹花、蝴蝶花、铁扁担。

科属　鸢尾科，鸢尾属。

形态特征　多年生草本植物。根状茎粗壮，节间短而多节。株高30～60 cm。叶剑形，交互排列，长30～50 cm，宽2.5～3.0 cm。花葶高30～50 cm，具1～2分枝，总状花序，着花1～3朵。呈蓝紫色，花被片6枚，外3枚中部有白色毛状物，雄蕊花丝阔而扁。花期4—5月。蒴果长椭圆形，具6棱。

图 9—29　葱兰

图 9—30　鸢尾

9.4　常见乔灌木

（1）八仙花（见图 9—31）

别名　绣球、紫阳花、草绣球。

科属　虎耳草科，八仙花属。

形态特征　落叶灌木，高 1～4 m。小枝粗壮，皮孔明显。叶大而稍厚，对生，倒卵形，边缘有粗锯齿，叶面鲜绿色，叶背黄绿色，叶柄粗壮。花大型，由许多不孕花组成顶生伞房花序，具总梗，疏生短柔毛。不孕花在外缘，可孕之两性花在中央，扁平状。不孕花具有扩大的萼片 4 枚，花瓣状，花色多变，初时白色，渐转为蓝色或粉红色。花期 6—7 月。

（2）棣棠（见图 9—32）

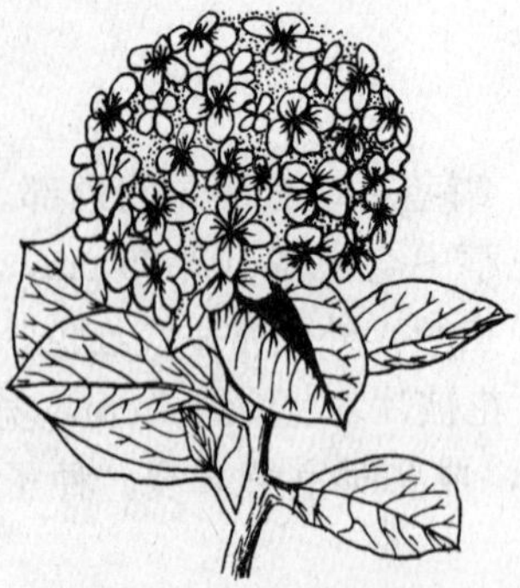

图 9—31　八仙花

图 9—32　棣棠

别名　地棠、金棣棠梅、黄榆梅、黄度梅。

科属　蔷薇科，棣棠属。

形态特征　落叶丛生小灌木，高 1～2 m。小枝有棱，绿色，略呈曲折状。单叶互生，叶片卵形或披针形，先端渐边缘有重锯齿，叶长 2～8 cm。花金黄色，5 瓣，花径 3～4.5 cm，单生于侧枝顶端。瘦果黑色，扁球形。4—5 月开花，9 月果熟。常见栽培的变种有重瓣棣棠花，花金黄色，重瓣，圆球形，有香味。

（3）红叶李（见图 9—33）

别名　紫叶李、欧洲红叶李。

科属　蔷薇科，李属。

形态特征　落叶小乔木，高 4～8 m。幼枝、叶片、花柄、花萼、雌蕊及果实都呈暗红色。叶卵形至倒卵形，基部圆形，边缘有重锯齿。花常单朵，粉红色，花期 3—4 月。果实暗酒红色，果期 6—7 月。

（4）樱花（见图 9—34）

别名　山樱花、福岛樱、青肤樱。

科属　蔷薇科，李属。

形态特征　落叶乔木，高 5～25 m。树皮暗栗褐色至紫褐色，光滑而有光泽，具横纹。小枝无毛。叶卵形至卵状椭圆形，端尾尖，边缘具单或重的芒齿，两面无毛。花 3～5 朵组成有柄的伞房状或总状花序，花白色或淡粉红色。花梗无毛，花萼筒状，无毛。花期 4—5 月。核果球形，黑色，7 月果熟。

图 9—33　红叶李

图 9—34　樱花

（5）榆叶梅（见图 9—35）

别名　小桃红、榆梅。

科属　蔷薇科，李属。

形态特征　落叶灌木或小乔木，高 1.5～5 m。枝条褐色，粗糙。叶宽椭圆形至倒卵形，先端尖或为 3 裂状，基部宽楔形，边缘有不等的粗重锯齿。叶表面粗糙无毛，背面有疏生短柔毛。花粉红色，常 1～2 朵生于叶腋，先叶开放或花叶同放。花期 4 月。核果红色，近球形，有毛，果期 7 月。

（6）桃花（见图 9—36）

科属　蔷薇科，李属（桃亚属）。

形态特征　落叶乔木，高可达 8 m。叶椭圆状披针形，先端渐长尖，基部阔楔形，边缘有粗锯齿，无毛。叶柄长 1.0～1.5 cm。花单生，先叶开放，几无柄，多粉红色，5 瓣。花期 3—4 月，6—9 月果熟。变种有深红、绯红、纯白及红白混色等花色变化，以及复瓣和重

图 9—35　榆叶梅

图 9—36　桃花

瓣种。很多观赏桃花品种不结实，或不能产生正常种子。

(7) 紫薇（见图 9—37）

别名　痒痒树、百日红、满堂红。

科属　千屈菜科，紫薇属。

形态特征　落叶小乔木，高 3～6 m，树冠长圆形，姿态优美。树皮黄绿色，薄片状脱落，露出青灰色光滑内皮。枝多扭曲。小枝略呈 4 棱形，常有狭翅。单叶对生或近对生，椭圆形至倒卵形，长 3～7 cm，近无毛或沿北面中脉有毛，具短柄。圆锥花序顶生于当年生枝端，7—9 月间陆续展花，径 2.5～3 cm，呈白、堇、红、紫等色。花萼半球形，绿色，顶端 6 浅裂，花瓣 6 枚，近圆形，边缘皱缩状，基部具长爪。蒴果近球形，6 瓣裂，径约1.2 cm，基部具宿存花萼，9—11 月成熟。种子有翅。

(8) 东瀛珊瑚（见图 9—38）

图 9—37　紫薇

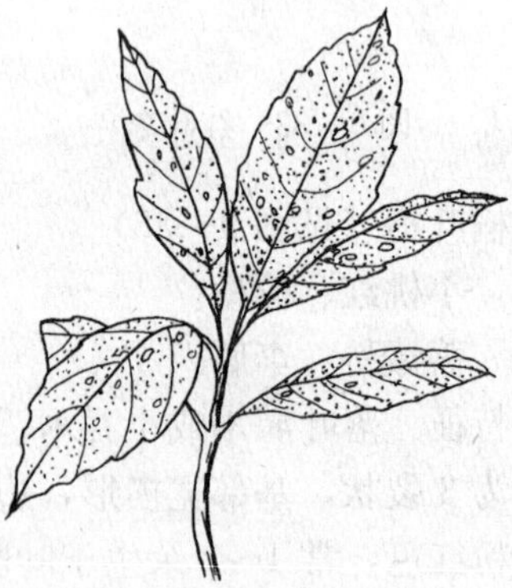

图 9—38　东瀛珊瑚

别名　青木、桃叶珊瑚。

科属　山茱萸科，桃叶珊瑚属。

形态特征　常绿灌木，高 1～5 m。小枝绿色，粗圆，光滑无毛。单叶对生，薄革质，椭圆状卵圆形至长椭圆形，先端急尖或渐尖，边缘疏生锯齿，两面油绿有光泽。圆锥花序顶生，密生刚毛。花小，紫红或暗紫色。花期 3—4 月。浆果鲜红色。果熟期 11 月至翌年 2 月。

(9) 八角金盘（见图 9—39）

别名　八角盘、八手、手树。

科属　五加科，八角金盘属。

形态特征　常绿灌木，高 2～5 m。叶大，掌状，革质。叶片 5～7 深裂至中部以下，裂片卵状椭圆形，表面光亮，边缘有锯齿或呈波状，绿色，有时边缘金黄色。叶柄长，基部肥厚。伞形花序集生成顶生圆锥花序，花白色。花期 10—11 月。浆果球形，紫黑色，外被白粉，翌年 5 月成熟。

(10) 夹竹桃（见图 9—40）

别名　柳叶桃。

科属　夹竹桃科，夹竹桃属。

形态特征　常绿灌木或小乔木，高达 5～6 m。叶 3 枚轮生，革质，线状披针形，长 10～25 cm，中脉显著，侧脉密而平行，全缘，边缘略翻卷。聚伞花序顶生，花冠粉红色至深红色，径约 5 cm，有特殊香气，单瓣或重瓣。蓇葖果长圆形。有白花品种。

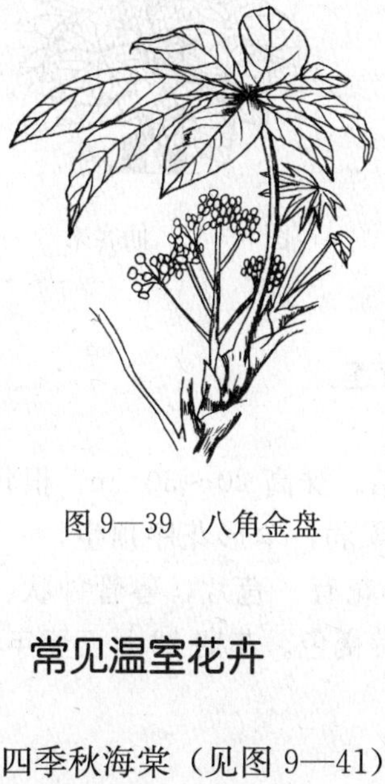

图 9—39　八角金盘

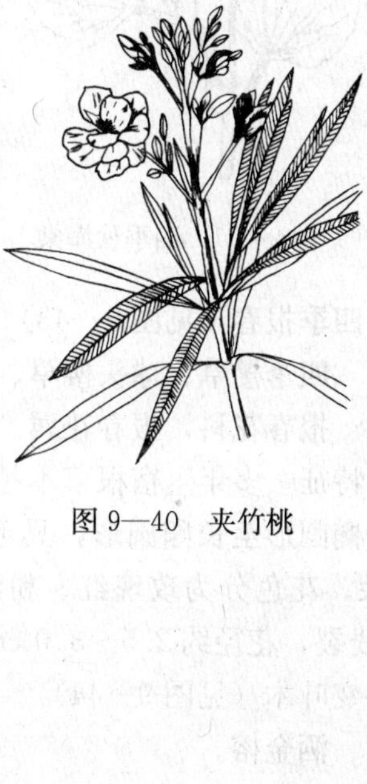

图 9—40　夹竹桃

9.5　常见温室花卉

(1) 四季秋海棠（见图 9—41）

别名　瓜子海棠。

科属　秋海棠科，秋海棠属。

形态特征　多年生常绿草本植物。具须根。茎直立，多分枝，肉质，秃净光滑。叶互生，有光泽，卵圆形至广卵圆形，绿色、古铜色或深红色，边缘有锯齿，叶基部偏斜。聚伞花序腋生，花单性，雌雄同株，雄花较大，通常具 2 花瓣及 2 萼片，雌花较小，具花被片 5 个。蒴果具翅，内含多数细微种子。栽培品种繁多，株型有高种和矮种，花有单瓣和重瓣，且花有红、白、粉红等色；叶有绿、紫红、深褐等色。

（2）仙客来（见图 9—42）

别名　兔耳花、兔子花、萝卜海棠。

科属　报春花科，仙客来属。

形态特征　多年生草本植物，株高 20～30 cm。肉质球茎扁圆形，深褐色，外被木栓质。叶丛生于球茎上部，心脏形，先端稍锐尖，边缘具细锯齿。叶面绿色，有白色斑纹，叶背紫红色，叶柄红褐色，肉质。花大，单生而下垂，由球茎顶端叶腋处生出，花梗细长，肉质，红褐色。顶生一花，花冠 5 深裂，基部连成短筒，花冠裂片长椭圆形向上翻卷而扭曲，形如兔耳，故名兔耳花。有白、红、紫、橙红、橙黄以及红边白心、深红斑点、花边、皱边、重瓣状等品种，有的还带芳香。蒴果球形，成熟后 5 瓣开裂，种子褐色。

图 9—41　四季秋海棠

图 9—42　仙客来

（3）四季报春（见图 9—43）

别名　四季樱草、球头樱草、仙鹤莲、鄂报春、仙荷莲。

科属　报春花科，报春花属。

形态特征　多年生宿根草本植物，作一、二年生栽培。株高 20～30 cm，根状茎褐色。叶基生，椭圆形至长卵圆形，具毛。花葶自基部抽出，柔弱，伞形花序顶生，一轮，小花 10～15 朵，花色分为玫瑰红、粉红、紫、蓝等色。每小花有一苞片，萼管钟状、漏斗形，有 5～7 浅裂，花径约 2.5～3.0 cm。种子圆形，细小，棕褐色。花期 12 月至翌年 4 月。

（4）变叶木（见图 9—44）

别名　洒金榕。

科属　大戟科，变叶木属。

形态特征　常绿灌木或小乔木。高 1～2 m。单叶互生，具柄，厚革质。叶片的大小、形状和颜色变化较大，卵圆形至线形，全缘或分裂，扭曲或附有小叶，叶色呈黄、红、粉、绿、橙、紫红、褐等色，常具白色、黄色或红色斑纹或斑点。叶片为主要观赏部分。花小不明显，单性，总状花序，雄花白色，雌花绿色。蒴果球形白色。

（5）天竺葵（见图 9—45）

别名　洋绣球、入腊红、日烂红。

图9—43 四季报春

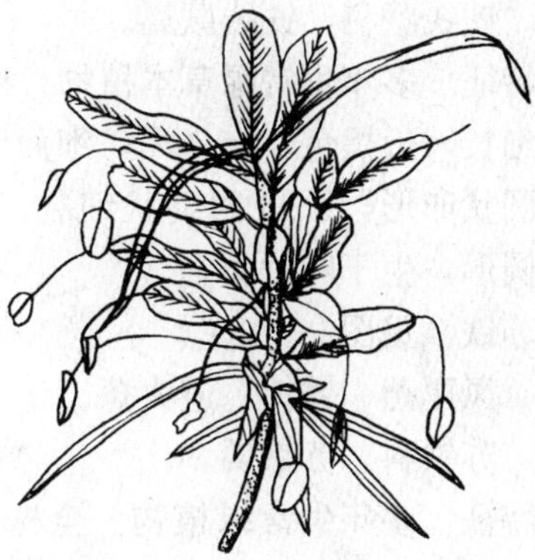

图9—44 变叶木

科属 牻牛儿苗科，天竺葵属。

形态特征 多年生草本植物，全株有特殊气味。茎粗壮多汁，基部稍木质化，被细柔毛。叶片互生，圆形至肾形，直径5～7 cm，掌状脉，边缘有波形钝锯齿，基部心形。叶绿色，常具马蹄形环纹。伞形花序顶生，有总苞，花序柄长，小花数朵至数十朵，花蕾下垂，花冠有红、白、淡红、橙黄等色，还有单瓣、半重瓣、重瓣和四倍体品种。果实为五分果，具喙，成熟时呈螺旋形旋卷。

(6) 蒲包花（见图9—46）

别名 荷包花。

科属 玄参科，蒲包花属。

形态特征 一年生草本植物。株高30～40 cm，茎叶被细茸毛。叶对生，卵形，有皱纹，常呈黄绿色。花序为不规则聚伞状，花具二唇，上唇小，直立，下唇膨胀，形似荷包，故名。花色丰富，有淡黄、深黄、淡红、鲜红、橙红等色，常嵌有褐色或红色斑点。

图9—45 天竺葵

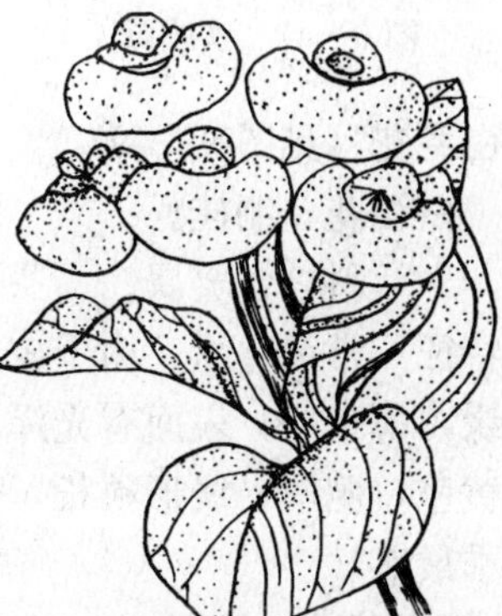

图9—46 蒲包花

(7) 铁线蕨（见图9—47）

别名 铁丝草、铁线草、美人粉。

科属　铁线蕨科，铁线蕨属。

形态特征　多年生常绿草本植物，株高 15～40 cm。根状茎横生，密被淡褐色披针形鳞片。叶柄细长，近黑色，有光泽，细而坚硬，长约 5～23 cm，状如铁丝。叶疏生，卵状三角形至长圆状卵形，2～3 回羽状细裂，小羽片近圆形或扇形，深绿色，有钝圆的粗缺刻。孢子囊群圆形，生于叶背面。

（8）苏铁（见图 9—48）

别名　凤尾蕉、铁树、避火蕉。

科属　苏铁科，苏铁属。

形态特征　多年生常绿植物。全株高 1～3 m，茎粗壮，圆柱形，不分枝或偶发分枝，密被暗褐色宿存的叶基和叶痕。叶丛生于茎顶，为大型羽状复叶，羽状叶片长达 0.5～2.0 m，基部两侧有刺。小叶可达 100 对以上，条形，先端锐尖，质坚硬，长 9～18 cm，宽 4～6 cm。花顶生，单性，雌雄异株。雄花序圆柱形，松球状，雌花序半球形，掌状，均生茎顶。花期 7—8 月。种子卵圆形，微扁，成熟时朱红色。

图 9—47　铁线蕨

图 9—48　苏铁

（9）白兰花（见图 9—49）

别名　白缅花、缅桂。

科属　木兰科，含笑属。

形态特征　常绿乔木，树干皮灰色，分枝较少。单叶互生，长椭圆形，先端渐尖，基部楔形，全缘，薄革质，表面有光泽，背面淡绿色。花单生于当年生枝的叶腋，极香。花瓣白色或略带黄色，肥厚，线形狭长，通常 12 片。聚合蓇葖果。花期自 4 月下旬至 9 月陆续开放，以夏季最盛。

（10）鸳鸯茉莉（见图 9—50）

别名　五色茉莉、二色茉莉、双色茉莉、番茉莉。

科属　茄科，鸳鸯茉莉属。

形态特征　多年生常绿小灌木，株高可达 1 m。单叶互生，全缘，具短柄，矩圆形或椭圆状矩形，先端渐尖，暗绿色。花单生或几朵密生成聚伞花序，花萼管状，花被具 5 浅裂，花冠直径 3～4 cm，花初开时呈淡紫色，逐渐变成青色，最后变成白色。花期 4—6 月，具芳香。果实为蒴果或浆果状。

图 9—49　白兰花

图 9—50　鸳鸯茉莉

单元 10

常见花卉病虫害识别

10.1 常见花卉病害的识别

（1）月季白粉病（见彩图 5）

侵染月季的叶片、花器、嫩梢。早春，病芽展开的叶片上下两面都布满了白粉层。叶片皱缩反卷，变厚，逐渐干枯死亡，成为初侵染源。生长季节叶片受侵染后，出现小的白粉斑，逐渐扩大成为近圆形或不规则形的白粉斑，严重时病斑连成片。老叶比较抗病，嫩梢和叶柄发病时病斑略肿大，节间缩短，病梢有回枯现象。叶柄及皮刺上的白粉层很厚，难剥离。花蕾被满白粉层，萎缩干枯，病轻的花蕾开出畸形花朵。

（2）草坪锈病（见彩图 6）

所有禾草都能被侵染发病，几乎每种禾草都会受到一种或几种锈菌为害。锈病包括条锈病、叶锈病、秆锈病和冠锈病。病斑主要出现在叶片、叶鞘或茎秆上，在发病部位生成黄色至铁锈色的夏孢子堆和黑色冬孢子堆。不同锈病根据其夏孢子堆和冬孢子堆的形状、颜色、大小和着生特点进一步区分。

（3）兰花炭疽病（见彩图 7）

病斑主要出现在叶片上，发病初期，叶片上出现中央浅褐色，边缘深褐色或黑褐色的圆形或椭圆形的小斑。后期病斑随病害发展逐渐扩大，呈圆形或不规则形，或病斑连接成片，病斑上有许多近轮状排列的黑色小点。病斑大小相差较大，3～20 mm 不等，最后叶一段枯死，发病严重时，植株枯萎。茎和果实受害时也出现不规则或长条状黑褐色病斑。

（4）月季黑斑病（见彩图 8）

叶片受侵染后，叶面出现圆形紫黑色病斑，或不规则状斑，病斑边缘呈红褐色或紫褐色放射状。逐渐病斑连在一起，形成大斑，周围叶肉大面积变黄。病叶易于脱落，严重时整个植株下部叶片全部脱落，变为光杆状。

（5）仙客来灰霉病（见彩图 9）

仙客来的叶片、叶柄和花瓣均可被病害侵染。叶片受害成暗绿色水渍斑点，病斑逐渐扩大，使叶片呈褐色，之后干枯。叶柄和花梗受害后成水渍状腐烂，之后下垂。花瓣感病后产生水渍斑并呈褐色。在潮湿条件下，病部均可出现灰色霉层。病害严重时植株枯死。

10.2 常见花卉虫害的识别

(1) 梨网蝽（见彩图 10）

成虫体长 3.5 mm，扁平，暗褐色；触角丝状；前胸背板向后延伸成三角形，盖住中胸，两侧向外突出呈翼片状，褐色细网纹。前翅略呈长方形，具黑褐色斑纹，静止时两翅叠起，黑褐色斑纹呈“X”状，前翅半透明，具褐色细网纹。若虫身体上下极扁平。体缘有黄褐色的刺状突起。

(2) 温室白粉虱（见彩图 11）

成虫个体小，体长约 1 mm，淡黄色，翅面及虫体上均被有白色蜡粉，使得全体呈白色。卵，长椭圆形，基部有一短柄，将卵固定于叶背的气孔中。初产的卵淡绿色，其上有白色蜡粉，孵化前为黑色。若虫身体呈长椭圆形，扁平，淡黄绿色，体表有长短不一的蜡质丝状突起。

(3) 长白盾蚧（见彩图 12）

雌虫壳灰白色，长纺锤形，略有弯曲。壳点位于壳前端，卵圆形，褐色。雌成虫体呈梨形黄色。雄虫壳与雌虫壳相似，但较小。卵椭圆形，淡紫色。若虫初孵出时为椭圆形，后为梨形，颜色从淡紫色到淡黄色。

(4) 酢浆草如叶螨

成螨，雌螨体椭圆形，长 0.63 mm，宽 0.53 mm，深红色，背毛 26 根。雄螨体菱形，长 0.40 mm，宽 0.22 mm，背面观呈菱形，体橘黄色，体背两侧黑斑明显。卵，圆球形，光滑。幼螨，体背面呈圆形，体呈红色，背面隐约有黑斑。足 3 对淡黄色。若螨，背面呈椭圆形，体上均呈黑斑。足 4 对，橘黄色。

(5) 斜纹夜蛾（见彩图 13）

成虫体深褐色，胸部背面有白色丛毛，腹部前数节背面中央具暗褐色丛毛。前翅灰褐色，斑纹复杂，在环状纹与肾状纹间，自前缘向后缘外方有 3 条白色斜线。后翅白色，无斑纹。前后翅常有水红色至紫红色闪光。老熟幼虫头部黑褐色，腹部体色因寄主和虫口密度不同而异，背线、亚背线及气门下线均为灰黄色及橙黄色。

单元 11
花卉的繁殖与育苗技能

11.1 细小种子的播种

(1) 准备工作

1) 设备、工具、场地　播种容器（广口盆或穴盘等）、细孔喷壶（或浸盆用水池）、玻璃盖板，场地不限，有播种室最佳。

2) 备料　本地品种的细小种子 10 g，播种用基质1 000 g，与种子相当的细沙一份。

(2) 操作规程及操作要点

1) 配制基质。选择并配制好播种基质。配制好的播种基质要求符合播种要求，经过消毒。可用泥炭、细沙按 1∶1 混合；或 2 份壤土加 1 份碎泥炭加 1 份细沙，经过蒸汽消毒并过细筛。

2) 填装基质。将配制好的基质填装到广口盆中，基质面低于盆边 1～2 cm，有利于浇水、透气和覆盖时小苗的生长余地。做到颗粒均匀，表面平整。

3) 混合种子。将种子与细沙均匀混合。

4) 撒播种子。将混合好的种子和细沙撒在基质上。种子与细沙混合时要均匀，撒播时也要均匀分布在整个广口盆中，播后可用木板轻轻振压使种子与基质紧密接触。

5) 浸盆或喷水。用细孔喷壶在基质上均匀喷水，使基质充分湿润。喷水时注意防止冲刷种子，避免种子堆积在一起。用玻璃盖板盖好广口盆，移到温暖半阴处或播种室内。如用浸盆法，即用双手将盆慢慢浸到水中，注意水面不要超过基质的高度，使基质和种子充分湿润，当表面有水时即可把盆从水中拿起并排出多余水分，再放在温暖半阴处。

6) 若种子是嫌光性种子，可在玻璃盖板上加盖一张报纸。

7) 温度保持在 25℃左右。

(3) 效果检测

种子发芽整齐，幼苗在整个广口盆中分布均匀。

11.2 种子的处理

(1) 浸种催芽

1）准备工作

①设备、工具、场地　每人脸盆一只，木棍一根，无釉泥盆（或其他容器）一只。场地在露天或室内均可。

②备料　每人 100 g 仙客来种子，40～50℃热水 10 L。

2）操作规程及操作要点

①确定水温。根据种子特点确定水温。一般浸种水温 30～50℃，浸种时间 24 h 左右。

②浸种。将 5～10 倍于种子体积的温水或热水倒在脸盆中，将种子倒入，同时不断搅拌，使种子均匀受热，自然冷却。浸种过程中，12～24 h 换水一次。坚实种子可反复浸水、搅拌、冷却几次，直至种皮吸胀。

③催芽。捞出浸水后的种子，放在无釉泥盆（或其他容器）中，用湿润的纱布覆盖，放置在温暖处（温度 25℃左右）继续催芽。注意每天淋水或淘洗 2～3 次。也可将浸种后的种子与 3 倍于种子的湿沙混合，覆盖后保湿，放置在温暖处（温度 25℃左右）进行催芽。

3）效果检测　当 1/3 的种子种胚由白色变为黄绿色，种皮软化膨胀，裂开露出胚芽即为浸种完成，可进行播种。

（2）挫伤种皮催芽

1）准备工作

①设备、工具、场地　老虎钳每人一把，场地不限。

②备料　莲子每人 10 粒。

2）操作规程及操作要点

①判断莲子的大小头。莲子两头有大小之分，胚芽在大头一端。

②用老虎钳夹开莲子的大头，破坏坚硬的种皮。使用老虎钳的力度要恰当，以刚破开种皮为宜。

③浸水。将莲子泡入水中，使种子充分吸水。

3）效果检测　莲子种皮破开一个洞，且内部种胚完整。

11.3　球根的采收

（1）准备工作

1）工具、场地　铁耙、标签、竹筐。

2）时间　6 月初，茎叶 1/3 枯黄时。

3）品种确定　郁金香、洋水仙等。

（2）操作规程及操作要点

1）如果土壤过分干燥，需在挖掘 2～3 天前浇水一次，并拔除杂草。

2）趁土壤湿润时采挖。

3）用铁耙根据种植行距进行挖地，挖出整窝大小鳞茎。挖掘时注意不要损伤表皮。

4）将整窝鳞茎放入竹筐，做好标记，如品种、颜色、日期等。

5）放在通风处晾干，除去土壤和残根。

6）根据大小分级，分别装在竹筐内，准备消毒储存。

7）所有操作均应注意不要损伤鳞茎。

（3）效果检测

1）检查采回鳞茎的大小和成熟度。

2）标记正确，无混杂。

11.4 种子发芽的测定

（1）准备工作

1）设备、工具、场地　发芽箱、发芽盒、温度计（0～100℃）、取样匙、直尺、量筒、烧杯、电炉、蒸煮锅、滴瓶、解剖刀、解剖针。

2）备料　本地主要花卉植物种子3～5种。甲醛、高锰酸钾、纸标签、滤纸、纱布、脱脂棉、镊子、蒸馏水。

（2）操作规程及操作要点

1）测定样品的提取。用四分法（即将种子均匀摊开呈圆形或正方形，再平均分成4个部分，每个部分中数取出25粒种子）从纯净种子中取出100粒种子，共4组，分别装入纱布袋中。

2）消毒灭菌。对检验用具和种子进行消毒。检验用具洗净后用沸水煮5～10 min，进行消毒灭菌。种子的消毒可用甲醛或高锰酸钾。用甲醛时，将纱布袋连同种子样品放入小烧杯中，注入0.15%的甲醛溶液（以浸没种子为度），随即盖好烧杯。20 min后取出绞干，放在有盖的玻璃器皿中闷30 min，取出后连同纱布用清水冲洗数次。用高锰酸钾时，将种子浸在0.2%～0.5%的高锰酸钾溶液中2 h，取出用清水冲洗数次。

3）浸种。如种子不易发芽，可进行浸种。

4）置盒。将种子安放在垫有纱布或滤纸的发芽盒上。可以用多层的纸，也可在纸下或纱布下加垫脱脂棉。每个发芽盒上整齐地安放2个重复的种子，种粒之间保持的距离大约相当于种粒本身的1～4倍。

5）管理。经常检查测定样品及其水分、通气、温度、光照条件等。

6）观察记载。定期观察记载种子发芽情况。

7）计算发芽率。按组计算发芽率，然后计算4组的算术平均值。

发芽率计算公式：

$$\text{发芽率}=\frac{\text{发芽的种子数}}{\text{供试的种子数}}\times 100\%$$

（3）效果检测

组间的发芽率测定值差距不超过允许差距。

11.5 运用激素扦插育苗（全光照喷雾扦插育苗）

（1）准备工作

1）设备、工具、场地　架空苗床、育苗托盘、微喷管道系统（水源、水分控制仪、管网、喷雾器）、修枝剪、烧杯（或其他容器）。

2）备料　育苗基质（如河沙、蛭石、珍珠岩、锯末、草炭等），本地区常见园林花卉植株30～50 棵。浓度为1 000～1 500 mg/L的生根粉或浓度为 50 mg/L 的萘乙酸。随采随剪随插。

（2）操作规程及操作要点

1）插床准备。配制好扦插基质，装入育苗托盘中，浇透水。架空插床要在地势平坦，排水良好，四周无遮光物体的地方。扦插基质可用蛭石、河沙、珍珠岩等配制。

2）选择母株、枝条。选择生长健壮、无病虫害的母株上半木质化的当年生枝条。在阴天无风或清晨有露水、下午 16：30 以后光照不强烈时进行枝条的采集。

3）准备药剂。配制好所需浓度的植物激素溶液，装在干净的烧杯（容器）中待用。

4）剪取插穗。在阴凉处用修枝剪迅速剪制插穗。插穗长度为 5～10 cm，每穗要有 2～4 个芽，保留顶端 2～3 片叶，若叶片较大，可留 1～2 片叶，并剪去叶片的 2/3 左右。

5）插穗处理。将插穗近根一端短时间（2～10 s）浸蘸到激素溶液中。

6）扦插。将处理过的插穗直插入育苗托盘中。

7）插后管理。采用自动间歇喷雾装置保持空气相对湿度。生根后及时移植。

（3）效果检测

插穗生根成活率在 90％以上。

11.6　月季的芽接

（1）准备工作

1）设备、工具　芽接刀。

2）备料　野蔷薇实生苗或粉红“十姊妹”扦插苗（干径 0.65～2.5 cm）、0.5 cm 宽的塑料条、当年萌发的月季枝条。

3）时间　生长旺盛季节均可，通常在 3 月中旬，7 月上中旬至 9 月中旬。

（2）操作规程及操作要点

月季的芽接如图 11—1 所示。

1）切砧木。在离根际以上 3～4 cm 处，选择茎干光滑的地方，横切一刀，深度以切断皮层为宜。再从横线中间垂直向下竖切一刀，长 1.5 cm，用芽接刀骨柄挑开砧木皮，待插芽。

2）削接芽。削芽片前，先将穗枝上的叶剪去，留叶柄。在芽的上面 0.3～0.4 cm，用芽接刀横切一刀，深达木质部。再由芽的下方 1 cm 处向上削，刀要深达木质部，削到横线为止，用手捏叶柄，轻轻取下，芽片呈盾形，内稍带一点木质部。

3）结合芽片和砧木。先挑去芽片内的木质，保留芽内微管束，然后立即在砧口上插入芽片，并将挑开的砧木皮层覆盖接芽。芽片上端皮层要紧靠砧木皮层。

4）绑缚。用 0.5 cm 宽的塑料带从上端绑起，逐渐向下缠绕绑缚，露出芽和叶柄，其他

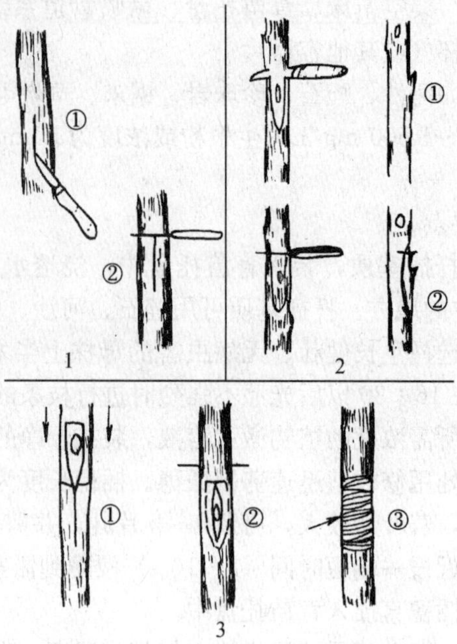

图 11—1　月季的“T”字形芽接

处不留缝隙，最后打结。绑扎要松紧适度，不要压紧芽片。

5）嫁接前后要浇水，保持湿润，但水不能浸湿接芽。

6）整个嫁接过程要迅速、准确。

（3）效果检测

接后 3～4 天，用手触一下叶柄，如一碰即落，表示基本成活。如果芽片干枯，嫁接失败，要进行补接。

11.7　枝接（腹接）

（1）准备工作

1）工具、备料　芽接刀、剪刀、0.5 cm 宽的塑料条、小塑料袋。

2）对象选定　1～2 年生健壮无病虫害的五针松枝条、2～3 年生的黑松实生苗。

（2）操作规程及操作要点

五针松的腹接如图 11—2 所示。

1）准备砧木。将黑松实生苗带泥团掘起，剪去须根，修剪枝叶。在根际茎干的平直光滑处，斜切一刀，长 2.5 cm，深及木质部，呈盾形口。切口要比插穗削面稍长些，否则不易密接。

2）削接穗。剪取 5～8 cm 的五针松枝条，去掉下部 2～3 cm 处的针叶，斜切一刀，长 2 cm 左右，反面削一小斜面，长 0.5 cm 左右。

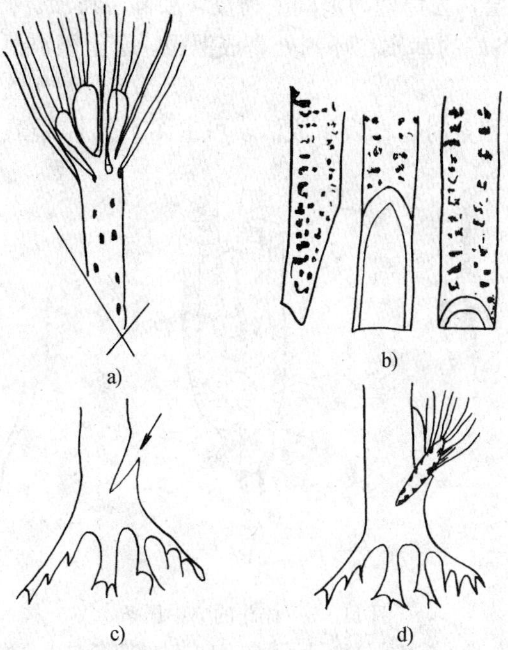

图 11—2　五针松的腹接

a）斜切接穗　b）接穗削面　c）砧木切口　d）插进接穗

3）结合、绑缚。迅速将接穗插入砧木切口，对准形成层，然后用塑料条绑缚。在接穗和结合部位套上一个小塑料袋。

4）定植。将腹接好的五针松定植在地势高、干燥的地方，接口要在北面，接口处覆土保湿。

5）整个嫁接过程要迅速、准确。

（3）效果检测

穗芽萌针，表示成活。

11.8　桂花的空中压条

（1）准备工作

1）工具、备料　芽接刀、塑料薄膜、干苔藓、腐叶土、塑料绳。

2）时间　一年中均可进行，选取梅雨季节前为好。

（2）操作规程及操作要点

桂花的空中压条如图 11—3 所示。

1）准备基质。将干苔藓撕碎，与腐叶土混合，加适量水，待用。基质湿润即可，不需太湿。

2）环割（环剥）。选定健壮枝条，在分枝处以上 5 cm 左右的地方，用芽接刀环割两刀，相隔 1～2 cm，深及形成层，去掉两刀痕间的树皮，要除尽皮层。

3）裹泥套袋。将准备好的基质在环割处裹成泥团，套上塑料薄膜，扎紧两端。

（3）效果检测

透过薄膜见到有较多根条时，即表示成活，可带泥团剪下栽植。

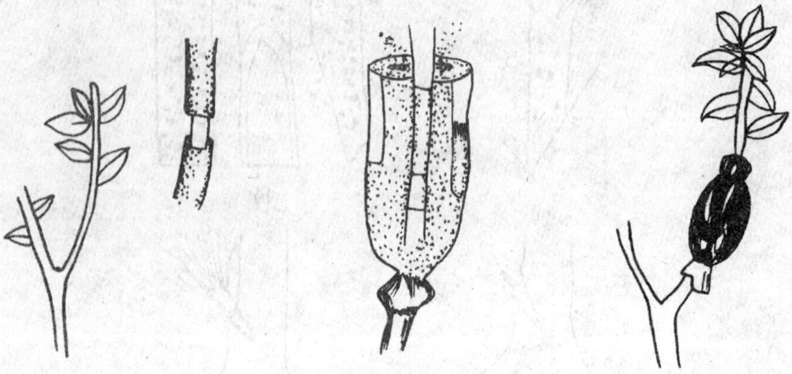

a)　　b)　　c)

图 11—3　桂花的空中压条

a）枝条的处理　b）套袋　c）扎紧塑料袋两端

单元 12

花卉栽培与管理技能

12.1 土壤 pH 值的测定

(1) 准备工作

1) 设备、工具　小铁铲、试管、烧杯、物理天平。

2) 备料　蒸馏水、塑料袋、精密 pH 试纸（pH 值为 5.5～9.8）。

(2) 操作规程及操作要点

1) 采取新鲜土样 1 kg。采样时应多点取样，如 10 亩地可取 5 个点，30 亩地可取 10 个点，大于 30 亩可取 15～20 个点。把各点的样品充分混合后，测定所取土样。

2) 称取 1 g 土样，放入试管内，加入 5 mL 蒸馏水，试管口加塞后充分振荡，放置澄清。蒸馏水必须用 pH 值为 7 的中性水，否则要用氢氧化钠溶液或盐酸把 pH 值调到中性。

3) 取上层清液，将精密 pH 试纸浸入，变色后取出。

4) 用变色的试纸与 pH 标准比色卡进行比较，即可得出 pH 值。

5) 为了保证测定准确，重复测试一次，加以验证。

(3) 效果检测

两次测定的 pH 值基本一致。

12.2 土壤的改良

(1) 土壤质地的改良

1) 准备工作

①材料准备　河沙（粒径 0.5～2 mm，其中粗沙占 25%左右）、黏土（如西湖泥、塘泥、河泥等，必须经过阴干处理）、有机肥（如厩肥、堆肥等）。

②工具准备　锄头、铁耙、搬运工具。

2) 操作规程及操作要点

①辨别土质。质地改良首先要辨别被改良的土壤是沙土还是黏土，然后可用“客土法”，采取“沙掺泥、泥入沙”的办法调整泥沙比例，以改善土壤的质地。

②沙土改良。将适量的黏土通过翻耕与原有土壤（深度不少于 20 cm）充分混匀，直至泥沙比例恰当。

③黏土改良。将适量的河沙通过翻耕与原有的黏土（深度不少于 20 cm）充分混匀。直至泥沙比例恰当。

④如果表土是沙土，而心土是黏土，则只需深翻，将两层土壤混合即可。

⑤上述几种情况如采用施有机肥的方法也可。如果在客土法基础上施以有机肥则效果更明显。

（2）土壤结构的改良

块状、核状、片状、棱柱状、柱状、单粒等不良结构需要改良。

1）准备工作

①材料准备　有机肥料（如厩肥、堆肥等）、土壤结构改良剂。

②工具准备　锄头、铁耙等。

2）操作规程及操作要点

①采取有机肥或利用土壤结构改良剂改良，使之均匀混入 15～20 cm 的土层内。

②进行土壤耕作，一方面能机械的切割，打破原有土壤结构，另一方面使有机肥或结构改良剂能充分作用。

（3）土壤酸碱度的改良

过酸过碱的土壤或不适合目的花卉的土壤均需要改良。

1）准备工作

①材料准备　石灰（生石灰、熟石灰或石灰石粉）、石膏（或硫磺粉、明矾等）。

②工具准备　锄头、铁耙、铁锹。

2）操作规程及操作要点

①改良酸土采用施石灰。将材料混入土壤，使之与土壤均匀混合，充分作用。生石灰因碱性作用过强易造成局部过碱或引起烧苗，因此要注意用量，并能够提前应用；石灰石粉作用较缓和，后效也长；熟石灰则介于两者之间。

②改良碱土。通常用石膏，石膏细粒或粉状为好。

3）效果检测　改良后的基质颗粒均匀，经测定 pH 值符合栽培要求，花卉生长良好。

12.3　基质的配制

（1）准备工作

1）材料准备　腐叶土、沙壤土及饼肥若干（应事先将材料灭菌），菊花苗 5 株（以菊花的栽培基质为例）。

2）工具准备　花铲、喷水壶。

（2）操作规程及操作要点

1）判断花卉所需的基质配比。菊花喜疏松、肥沃、富含腐殖质的土壤。可将腐叶土、沙壤土及饼肥按 4.5∶4.5∶1 配制。

2）混合基质。将准备好的腐叶土、沙壤土材料各取 4.5 份，再加 1 份饼肥，将三者均匀混合。可先将两种基质混合，然后再均匀掺入另一种基质。

3）喷水湿润混合好的基质，必要时可测定 pH 值。然后进行菊花的上盆操作。

（3）效果检测

基质配比正确，混合均匀，pH 值适宜。

12.4　大型植株的修剪

（1）准备工作

1）设备工具　园林枝剪、电锯、手锯、双梯、保险带及其他用具。

2）对象选定　桂花植株高约 2.5 m，冠径约 3 m 一株。

3）时间　11 月份。

（2）操作规程及操作要点

1）在离树 3～5 m 外观察树形等情况，初步拟订修剪方案。大型植株的修剪，需要边剪、边锯、边观察、边调整。因此，一般应安排两人以上进行操作。

2）架双梯，从树冠顶部确定修剪的层面和多少。用园林枝剪进行抽剪操作（不是每根枝条都要短截，一般只剪 20%～30%的长枝即可）。所剪的长枝短截点，应短于圆球形面，即日后新生枝条的长度正好在圆形面上，达到修剪的目的。

3）修剪可从顶部开始逐渐往四周、下部进行。其间要经常下梯观察树形树势，做到边修剪、边观察、边调整。一般以圆球形为准。

4）在修剪时应将枯枝、病枝、交叉枝、下垂枝等剪除。若遇某大枝条，其生长将影响树形时，确定需要剪除，可利用手锯、电锯等备用工具。

5）将剪下的枝条从树上拿下集中，然后搬走，搞好卫生。

6）严格按操作规程进行，做到一知，二看，三剪，四拿，五处理。

7）技术要求：修剪桂花不是修绿篱，只需轻剪，进行长枝短截，达到外形规则即可。

（3）效果检测

1）检查树形、树冠规则、干净。

2）查看修剪的层面，多少是否得当。

3）操作规范、文明、安全。

12.5　整形修剪

（1）准备工作

1）设备、工具　园林枝剪等。

2）对象选定　米兰盆栽 3 盆。冠径约 40 cm。

3）时间　4 月份（早春）。

（2）操作规程及操作要点

1）观察过冬米兰树形，确定操作步骤。整形修剪应在平稳、视线清晰的条件下进行。

2）先将病枝、枯枝等剪除。

3）用枝剪短截长枝，长枝重剪，弱枝少剪，短枝可不剪。调整树形和结构。达到形成一盆较规整的树形。整形修剪后的米兰盆栽最好结合换盆，有利于生长开花。

4）技术要求：边看，边修剪。兼顾当前效果和日后发展要求。

（3）效果检测

1）修剪符合植物生长规律，干净美观。

2）操作文明、卫生。

12.6　切花的采收

（1）准备工作

1）设备、工具　园林枝剪、细绳子、报纸、竹筐、标签等。

2）对象选定　地栽切花月季20株。

3）时间　6月份。

（2）操作规程及操作要点

1）选择下午植物微萎蔫的情况下剪枝。若上午剪则需将花枝阴干至稍萎蔫状态，便于装箱。

2）用枝剪将即将开放的花枝至基部剪除（要让母体留有发芽的余地，即3～4片叶片以上剪除）。剪切的花枝应达到切花质量标准，并保证所剪切过的植株生长正常。

3）若当地近距离供货，无需萎蔫花枝，也无需装箱。应将花枝及时放入水桶中保鲜。

4）将剪切下来的花枝，按花径分等级或按长短分级，一般20枝一扎。外包报纸处理，然后集中装箱。打包装箱时一定要使切花枝微萎蔫，才能保证花朵不断。

5）技术要求：所剪花枝的花苞大小应一致，开花整齐。

（3）效果检测

1）所剪切花有等级分类、标识，操作规范。

2）花枝剪切后至装箱的过程，均有保鲜措施。

12.7　颗粒剂药物的施用

颗粒剂农药其有效成分较低，大多在5%以下，颗粒剂可借助于填充料稀释后再撒施，填充料可采用干燥均匀的小土粒或同性化学肥料作填充料，使用时只要将颗粒剂与填充料充分拌匀即可。

（1）准备工作

1）准备撒施工具。撒施可以用撒粒机、撒粒器，也可徒手撒施。用塑料袋或塑料瓶可制作简易的撒粒器。塑料袋装上颗粒剂，扎紧开口，另一端开一个小口，让颗粒剂即能顺畅撒出，又能容易地停止撒出，如捏住小口并将小口朝上。塑料瓶装上颗粒剂，瓶盖部分装开一个小孔也能使用。

2）准备好填充料。填充料可采用干燥均匀的小土粒或同性化学肥料。

3）计算好所需药量。根据每亩或每公顷用药剂量计算撒施面积所需用药量。

4）做好撒药前的个人防护。由于颗粒剂的毒性均较大，在施药前需做好个人防护，包括工作服、手套。

（2）操作规程及操作要点

1）操作前必须做好个人防护，检查手上无伤口且干燥未沾水。

2）穿好工作服，戴好塑料或橡胶手套。

3）混合颗粒剂与填充料。颗粒剂与混合料必须干燥，要充分混合。

4）用撒粒机或人工进行施化肥一样撒施。颗粒剂的撒施不受风力大小的影响而飘移，随时都能进行。撒施时边走边退，行进速度要均匀，撒施用力要均匀，保证撒匀。另外，颗粒剂还可根据需要进行穴施或拌于土壤中。穴施时可在植物根系附近挖穴，穴的大小与深度可按植物根系大小与扎根深度实际情况而定，施药后及时覆土。

5）撒施结束后要及时脱去工作服与手套，及时用肥皂水清洗双手及其他裸露部分。

（3）效果检测

1）个人防护措施正确。

2）药物与填充物充分混合，撒施均匀。

12.8　粉剂药物的配制与施用

由于粉剂的浓度较低，一般喷粉作业无需稀释。粉剂的施用可按粉剂的每亩使用量要求，一般采用机械喷粉的方法进行，也可按比例混入一定数量干燥的细土用手撒施。此外，粉剂还可拌种、制毒土、配制颗粒剂、处理土壤等。

（1）准备工作

1）准备喷粉工具。常用的喷粉工具有手动喷粉器与机动喷粉机，一般使用小型的背负式机动喷雾喷粉机，使用前要检查喷粉工具，特别是药箱总成气密性。

2）计算好所需药量。根据每亩用药剂量计算喷粉面积所需用药量。

3）做好喷药前的个人防护。由于粉剂飘移性极大，在施药前需做好个人防护，戴好口罩与手套，穿好工作服，尽量减少皮肤的裸露。

4）喷粉受风力影响大，必须在无风或微风且地面没有上升气流的条件下使用，不能在下大雨前和刮大风时使用。

（2）操作规程及操作要点

1）操作前必须要做好个人防护。操作人员需要戴好口罩与手套，穿好工作服，防止操作人员中毒。

2）调整好喷粉工具，如使用背负式机动喷雾喷粉机，应先在药箱内装好吹粉管，挡粉板、弹簧卡子，安装要端正可靠，并安上水堵。喷粉工具必须有很好的气密性，防止由于气密性差而引起操作人员中毒。

3）如无法把握单位面积的喷粉量，可先用少量粉剂试喷，调节挡板开启大小和喷粉量，以适应操作人员的要求。

4）将粉剂加入药箱。之前应对粉剂进行检查，不能使用受潮结块的粉剂。

5）喷粉。喷粉时边走边退，喷粉人员要处在上风口，行进速度要均匀，保证喷施均匀。

6）喷粉结束后要及时倒出剩余的粉剂，及时清洗喷粉工具。

7）工作结束后要及时脱去防护用口罩、工作服与手套，及时用肥皂水清洗双手及其他裸露部分。

（3）效果检测

1）个人防护措施认真执行。

2）粉剂喷施均匀。

12.9 乳油药物的配制与施用

（1）准备工作

1）准备好配药器具。配制乳油类液体农药需准备好相应的量具，如量筒、量杯等，还需准备配药所需的容器。

2）准备好较清洁的水。配药用的水需要相对干净些，不能含有固体杂质，防止堵塞喷雾器喷头。

3）检查药械。检查用于喷雾的药械是否保养良好，能否正常使用。

4）计算药量。计算好所需药量及稀释用所需水量，根据药剂使用要求进行科学稀释。

稀释剂用量（通常为水）＝原药剂重量×稀释倍数。

5）做好喷药前的个人防护。由于乳油漂移性较大，施药前需要做好个人防护，戴好口罩与手套，穿好工作服，尽量减少皮肤的裸露。

6）喷雾受风力影响大，必须在无风或微风条件下使用，不能在大风及高温烈日下喷雾，以免引起操作人员中毒或植物药害的产生。

（2）操作规程及操作要点

1）做好防护。操作人员要戴好口罩与手套，穿好工作服，防止操作人员中毒。

2）计算用药量。配药液首先要弄清楚药剂中有效成分含量，每亩或每平方米地用多少有效成分，用多少药液，再通过计算，确定取多少药剂，兑多少水。

3）量取药剂。根据计算的药量，用量筒或量杯量取所需的药剂。

4）乳油的稀释。要根据药液稀释量的多少及药剂活性的大小而定。防治用药液量少的可直接进行稀释，即在准备好的配药容器内盛好所需用的清水，然后将定量药剂慢慢倒入水中，用小木棍轻轻地搅拌均匀，便可供喷雾使用。如果在大面积防治中需配制较多的药液量时，这就需要采用两步配制法，其具体做法是：先用少量的水，将农药稀释成母液，再将配制好的母液按稀释比例倒入准备好的清水中，搅拌均匀为止。

5）试喷。喷雾前对药械进行试喷，调节雾滴的细度与均匀度。

6）喷雾操作。将稀释好的药液倒入喷雾器进行喷雾操作。正式喷雾时，喷头离植物距离要适当，喷头离植物太近，在单位面积上喷到的药液太多，药液从叶缘或叶尖滴落，造成浪费与环境污染，最好的距离是药雾药滴均匀落在植物叶面上，各个药滴相互接触形成一层药膜，药膜能覆盖整个叶面。喷施要均匀，行进速度要均匀，不能有重喷或漏喷现象，触杀剂和保护剂的喷雾要保证叶的正反面都能喷到且喷雾均匀。

7）清洗药械。喷雾结束后要及时倒出剩余的药剂，及时清洗药械。

8）收尾。工作结束后及时脱去防护用口罩、工作服与手套，及时用肥皂水清洗双手及其他裸露部分。

（3）效果检测

1）操作前做好个人防护。

2）药剂喷施均匀。

单元 13
花卉应用技能

13.1 平面花坛布置

(1) 准备工作

1) 设备、工具　铁耙、小锄头、耙子、种刀、卷尺、竹签、园林枝剪、木屑、周转塑料筐等。

2) 场地　选一个四面观赏的长方形花坛，大约 $3\ m \times 4\ m = 12\ m^2$ 面积。

3) 花材备料　红色花：石竹 40 盆，或矮一串红 40 盆，或瓜叶菊 30 盆。

黄色花：金盏菊 40 盆，或三色堇 60 盆，或万寿菊 50 盆。

白色花：蓬蒿菊 30 盆，或雏菊 80 盆。

杂色花：三色堇 20 盆，或矮牵牛 20 盆。

4) 时间　春季（4 月初）。

5) 其他　$12\ m^2$ 花坛地种植，一般安排两人配合操作，可以提高效率和施工质量。

(2) 操作规程及操作要点

1) 选择晴朗的天气，上午翻地，整理；下午种植，至完成。重点花坛可考虑安排在傍晚操作，至天亮完成，尽量不影响游人的观赏。拔除、清理原有花坛的花卉植株。

2) 翻耕，施入颗粒肥，土壤农药消毒，平整地面。

3) 按图放样，可用木屑放出图案的轮廓。

4) 按图施工，在花材备料中选出需要的品种进行种植，并确定每平方米的株数。

5) 严格按已确定的设计方案操作。平面四面观赏花坛应中央高，四面低矮。用小锄头先种植中央的品种，然后再种外围。

6) 基本种完后，站在花坛外围观察图案和种植效果，并调整至完善。

7) 收拾和整理环境，并将多余的花卉和材料运回。

8) 浇水，可用水管或水壶浇透水。

9) 技术要求：种植的密度合理，单个品种高低一致。施工做到正确、规范、文明。

(3) 效果检测

1) 布置完成的花坛主题明确，图案清晰，生长健壮。

2）色彩、高低、品种搭配合理。

3）所种花卉生长健壮，符合植物生长规律。

13.2　活动花坛布置

（1）准备工作

1）设备、工具　塑料筐、园林枝剪、卷尺、木屑、小锄头等（黄沙 3 t，青砖 100 块或水泥条块若干）。

2）场地　平整场地，2 m×3 m=6 m^2。

3）花材备料　盆栽一串红 20 盆、万寿菊 30 盆、百日草 30 盆、吊兰 20 盆、鸡冠花 30 盆、长春花 40 盆。

4）时间　国庆节布置（9 月底）。

（2）操作规程及操作要点

1）首先用砖或水泥条围 2 m×3 m 的形状，加入黄沙并平整，边线垫塑料布防漏沙。

2）拟定花坛的布置形式并确定选择使用品种。品种和色彩选择应在 3 种以上。

3）在 6 m^2 的范围内，用木屑放出拟定的图案。6 m^2 的活动花坛，一般考虑为单面观赏效果，即前低后高来布置品种。

4）依放样轮廓选择盆栽花卉，埋入沙土中。做到有高低搭配，有色彩处理，有品种区别。

5）站在活动花坛外围，观察效果并进行调整至完善。活动花坛一般用盆栽花卉来布置，密度可稍密，边缘盆花的稳固性要处理好。

6）浇水，可用水壶或水管将每株花浇透水。

7）整理施工现场，清理卫生。

8）技术要求　活动花坛的布置比较灵活，一定要根据现场环境和主题目的操作。

（3）效果检测

1）活动花坛色彩明快，轮廓清晰，有较好的观赏效果。

2）布置合理，因地制宜。既达到美化要求，又符合植物生长规律。

3）施工规范，无漏沙情况，文明，卫生等。

13.3　花钵布置

（1）准备工作

1）设备、工具　塑料长方钵 2 只、宽 40 cm×长 100 cm×高 30 cm 外观仿木质栅栏，底部有透水孔。小铲子、剪刀、培养土（基质）等。

2）场地　将花钵放置在院子通道的两侧。

3）花材备料　金鱼草、五彩石竹、银叶菊、万寿菊、矮牵牛、常春藤、四季海棠、报春花、马蹄莲等。

4）时间　4—5月份。

（2）操作规程及操作要点

1）将花钵放置的高低，稳固处理好。

2）在花钵的透水孔上垫上防漏纱片，加入基质至半部。

3）拟定种植方案。

4）选择花材备料中的品种，可参照花境的配栽方式，进行组合、排列、色块等的种植布置。种植配置自然，符合植物固有的特性，茎干直立的就安排直立，茎枝下垂的就下垂。充分发挥生态布置的效果，提高观赏性。

5）种入选定的花卉品种，边种边加入基质，轻压，并留出浇水的余地。掌握好种植的疏密度。

6）种完后浇透水，并做好清理工作。

7）技术要求：两只花钵布置基本一致，有对称、庄重之感。同时，又不失花境生机盎然的效果。

（3）效果检测

1）具有较高的观赏效果，有立体感和色彩变化。

2）花钵内花卉生长健康。

13.4　会议室布置

（1）准备工作

1）设备工具　剪刀、抹布、水桶、盆底托盆、青瓷或紫砂套盆。

2）场地　会议室一间，60 m^2左右，内设长圆会议桌、4张沙发、2张茶几等。

3）花材备料　一品红5盆、吊兰5盆、凤梨红星2盆、巴西木2盆、文竹2盆、独本菊5盆。

4）时间　秋季（11月份）。

（2）操作规程及操作要点

1）察看现场，拟定布置安排。布置要因地制宜，并符合会议的内容要求。

2）植物可有大有小，但所用盆钵应统一质地。清洗整理盆花，并浇一次水，装青瓷套盆，配上盆底托盘。

3）会议长圆桌中央安排3～5盆花，墙角可放置巴西木，茶几上可放文竹、吊兰等，其余地方根据具体情况布置。会议室布置以简洁为主，盆花数量应恰到好处。

4）清理布置现场。

5）技术要求：所用盆花应有高低、大小和色彩变化，与环境协调。

（3）效果检测

1）布置及时得当，干净美观。做到提前布置，会后及时拆除。

2）根据会议内容的更改，有随时调整布置的准备和能力。

3）操作文明、卫生，注意防止会议室内设备受损。

13.5　大门口花卉布置

（1）准备工作

1）设备、工具　园林枝剪、卷尺、粉笔。

2）场地　大门两侧布置，每侧约 2 m^2。

3）花材备料　盆栽美人蕉、万寿菊、天门冬、长春花等。

4）时间　7 月初。

（2）操作规程及操作要点

1）察看大门两侧的情况，拟定布置方案。大门口需要对称布置，营造庄重、热烈、明快的氛围。

2）每盆花的观赏面，或称“朝向”，应调整至最佳面朝向人的视线。将较高的植物，如美人蕉放在后面，前面放低矮的，外围可放天门冬护边。处理好围边的效果。天门冬是极佳的围边盆花，应充分发挥其作用。

3）整理花叶，清理卫生。

4）完成布置后即浇水一次。

5）技术要求：有高低变化，有色彩搭配。

（3）效果检测

1）站在大门口一定距离，观察左右两侧摆放情况和所布置花卉的精神面貌。

2）体量、面积得体，不影响交通。

参考文献

1. 陈俊愉，刘师汉等编．园林花卉（增订本）．上海科学技术出版社，1980

2. 陈俊愉，程绪柯．中国花经．上海：上海文化出版社，1997

3. 赵世伟主编．园林工程景观设计——植物配置与栽培应用大全．北京：中国农业科技出版社，2000

4. 北京林业大学园林系花卉教研组．花卉学．北京：中国林业出版社，1994

5. 北京市园林学校，武汉市园林技工学校，无锡市园林技工学校，西安市园林技工学校，长春市城建技工学校，杭州市园林技工学校，上海市园林技工学校等主编．全国园林技工学校教材（全套）．北京科学技术出版社，1988

6. 穆鼎．鲜切花周年生产．北京：中国农业科技出版社，1997

7. 姚允聪，郭红，孙书玲，李海涛编著．常用农药安全使用技术．北京：中国农业大学出版社，1999